CHINA MODELING

INDUSTRY YEARBOOK *1979~2016*

中国模特行业年鉴1979~2016

中国服装设计师协会职业时装模特委员会 编

中国纺织出版社

编委会名单

中国服装设计师协会
CHINA FASHION ASSOCIATION
CHINA
FASHION
ASSOCIATION
弘扬传统文化 彰显时代精神

序

2017年，中国国际时装周迎来20华诞。20年来，中国国际时装周锐意进取，积极探索中国时尚产业发展规律，不断推动中国时尚产业发展。时装设计师、品牌、传媒、买手、模特、造型师等均得到长足进步，并构成了中国时尚界的新生态，尤其是模特行业更是经历了飞速发展。中国模特行业从改革开放之初起步，伴随着中国经济飞速发展而不断壮大，在我国时尚产业发展过程中发挥了非常重要的作用。

2000年，中国服装设计师协会职业时装模特委员会成立，标志着中国模特行业进入职业化的新阶段。17年来，全行业从业机构由大到强，从无序竞争到合作发展，模特领域的国际化程度不断提高，行业影响力与日俱增，职业模特已成为时尚界最闪亮的职业。

近几年来，中国模特行业的国际化进程不断加快，越来越多的中国面孔出现在国际秀场上，成为众多著名时尚品牌和时尚杂志的宠儿，特别是从中国时尚大奖中走出的中国十佳和最佳职业时装模特，业已成为今日国际时尚界最具价值的东方面孔。

值此中国国际时装周20周年之际，站在新的发展起点上，透过一个个具有里程碑意义的事件，回望中国模特行业所走过的历程。每位亲历者用自己饱满的时尚情怀，共同抒写着中国模特行业的蹒跚与收获。这次《中国模特行业年鉴 1997~2016》编辑出版，既是对中国模特行业发展历程的一次总结，也是对中国国际时装周20周年的纪念。

张庆辉

中国服装设计师协会主席

中国国际时装周组委会主席

目录

ZUKKA

悠之·邹游作品

GLORIOUS COURSE
中国职业模特历程

中国模特行业之溯源 1979~1999

中国第一场具有时代意义的服装表演出现于20世纪30年代。当时位于时尚之都上海的美亚绸厂为销售产品，在上海大华饭店举办服装展示，聘请数位中外女“模特”进行表演，此举为绸厂的营销开辟了一条崭新的道路。尽管有此先例，但因多方面原因，服装表演在当时的社会环境下并未得到进一步发展。

1979年，伴随着改革开放，各行各业焕发出勃勃生机，全世界的目光再一次聚焦在崭新的中国。中华服饰文化乘改革开放的春风重焕新生，原本沉寂的服装表演在华夏大地上破茧成蝶，在巨大内需的推动下，中国模特行业孕育而生……

1979年3月：法国时装设计大师皮尔·卡丹先生在北京民族文化宫举办了一场全外籍模特参与表演的时装发布会，这也是新中国第一场时装表演。这场演出让中国服装行业为之一振，引燃了中国时装模特的雏形。

1980年初夏：中国第一本服装杂志《时装》创刊，为满足服装展示的需求，杂志会挑选一些容貌及体型姣好的女性或演员配合拍摄。

1980年8月1日：中国出口服装洽谈会在上海艺术剧院举行，17位优秀表演者登台为国际客商们进行服装展示，引起强烈反响，此次洽谈会的成交额是上一届（1966年）的30多倍。

1980年9月：《现代服装》杂志社成立，与《时装》一起为中国服装及模特的发展以及服装文化的大众普及起到了积极的促进作用。

1980年10月：美国豪士登时装表演队来上海演出，为中国服装行业提供了难得的观摩机会。

1980年11月：上海市服装公司作为当时中国最大的国营服装企业，从下属企业中挑选了十几名职工，筹建了中国改革开放后第一支业余性质的服装表演队。

1981年2月：上海服装公司表演队的首场演出在上海友谊电影院举行，表演队展现出东方女性独有的端庄典雅，受到观众一致好评。同年6月8日表演队的演出赢得了国际服装工业联合会访华团的广泛赞誉。

1981年11月：法国时装设计大师皮尔·卡丹先生再次来华，他精选和培训了10多名中国男女青年，和两名外籍模特一起参与在北京饭店举办的新作发布会，为中国时装模特的产生和发展起到了不可估量的引领作用。

1982年12月5日：上海服装公司表演队为苏联贸易代表团进行专场表演，这是表演队首次为外销服装做营销性的服装展示。

1983年4月28日：五省市（北京、上海、辽宁、江苏、山东）服装鞋帽展销会在北京农业展览馆开幕。这是北京首次举办商业性展览活动，也是由国家计划委员会批准的首次售票性质的展览活动。模特穿着展品展示，所有产品销售一空，中央电视台《为您服务》栏目还播出了本次展销会服装表演的录像。

1983年5月13日：国务院邀请参与五省市服装鞋帽展销会的模特进入中南海紫光阁演出，国务院领导亲切地接见了演出模特并与之合影，给予此次演出极大的肯定，中国模特行业的地位得到空前提升。在短时间内，全国相继成立了上海第一印染厂表演队、上海丝绸时装表演队、上海第七印染厂表演队、北京东华模特队、大华模特队、东方模特队、繁荣模特队、红菱艳模特队、北京纺织局服装产品开发室表演队等。继上海与北京之后，杭州（杭州喜得宝时装表演队等）、深圳（深圳国际展览中心时装表演队等）、大连、天津、广州、哈尔滨、西安、成都等地的模特队也如雨后春笋般涌现，服装表演行业迅猛发展。

1983年5月1日：上海服装公司表演队为外宾做专场演出，正式对外公演。法国新闻社、美国联合通讯社、加拿大广播公司、挪威国家广播电视公司为本次演出发表了专题报道，中国以更开放的姿态面向世界，模特国际化的步伐又一次向前迈进。

1983年6月：《北京晚报》刊登时装模特招考广告，北京东城区文化馆的吕国琼女士开始筹建北京第一个服装表演训练班：北京服装广告艺术表演班。33名学员首场演出就参加了北京国际皮尔•卡丹服装交易会，之后参加诸多国内外时装表演，均获得好评。

1984年：由上海电影制片厂摄制，以上海服装公司表演队为原型的模特题材影片《黑蜻蜓》引起了公众的关注，上海服装表演队队长参与编剧定稿，并邀请表演队的五位骨干成员参与演出。这部电影如实记录了1980年代初期的中国时装表演，反映了服装模特真实的生活及心路历程。

1984年：上海市服装公司服装表演队先后赴日本、美国、欧洲，在T台上展示了改革开放后中国人民的精神风貌及中国服装行业的巨大变化。

1984年10月1日：中华人民共和国成立35周年庆典上，第一次出现了由模特组成的花车，模特们参加了在天安门广场举行的群众游行并接受国家领导人的检阅，这不同于一场普通的表演，这是改革开放后，中国的第一辆模特花车参与国家庆典。

1985年1月：中国纺织品进出口公司带领模特队，赴日本为大型连锁百货公司高岛屋百货公司举办商业服装走秀宣传，活动持续20余天，极大提升了销售量。

1985年3月15日：上海服装公司表演队受邀赴港参加“中国民族服饰慈善表演会”。上海服装公司表演队8名模特与10名香港模特共同展示民族服饰55种，义卖所得8万多港元。香港各大媒体纷纷盛赞，这次慈善演出树立了中国模特行业的崭新形象。

1985年5月：日本著名时装设计师小筱顺子女士在北京饭店金色大厅举办时装表演，这是当时中国最大规模的服装秀。在此后的30余年中，小筱顺子女士多次在我国举办发布会，促进了中日时尚文化交流。

1985 年 7 月：应法国时装设计大师皮尔·卡丹先生邀请，由《时装》杂志社组织中国模特访问巴黎。模特们身着旗袍、高举中国国旗，乘敞篷汽车行驶在香榭丽舍大街，穿越凯旋门。中央电视台《新闻联播》等媒体纷纷报道了中国模特的巴黎之行，法国《费加罗报》头版头条刊登了大幅照片，世界开始关注来自东方的中国模特。

1985 年 9 月 6 日：中国丝绸进出口公司在日本的东京、名古屋、大阪三地举办“新丝绸之路-----1985 年度时装发表会”，来自中国北京、上海、辽宁的 14 名模特参加表演。发表会展示了丝绸新装，促进了中日两国的经贸及文化交流。之后，这支队伍的模特们又先后赴苏联、美国、意大利、新西兰、泰国、新加坡、中国香港等地表演，获得了极高评价。

1986 年：北京广告公司服装表演队成立，该表演队由北京广告公司和中国丝绸进出口总公司共同组建。中国新闻社报道了表演队招生时的场景，国务院领导还接见了组建后的表演队模特们。

1986 年 7 月：上海服装公司表演队随中国经济贸易团赴莫斯科表演，参加大规模的双边贸易活动，为外销服装进行经营性演出引起轰动，这次“时装外交”促进了中苏关系的缓和。同年国庆节前夕，中央电视台在黄金时间播出了表演队在莫斯科演出的录像，模特行业的发展又迈上了新的台阶。

1986 年：石凯因参加皮尔·卡丹先生的时装发布会，而逐渐成为中国第一批具有国际化水准的时装模特。1986 年她以个人名义参加第六届国际模特大赛获得特别奖，是首位参加国际模特大赛的中国模特。

1987 年 3 月 29 日：柬埔寨亲王西哈努克先生参观上海时，亲笔题词赞扬上海第一丝绸印染厂的模特们“一流水平”“不同凡响”。

1987 年 9 月 19 日：中国服装代表团应邀出席第二届巴黎国际时装节。来自世界各地的 980 多名模特在巴黎特罗卡德罗公园 400 多米长的 T 台上演出，中国模特以专业化的形象代表中国正式亮相轰动世界。来自上海的模特们身着中国青年设计师陈珊华的“红黑系列”经典礼服压轴出场，法国报纸整版刊登中国模特表演的照片，盛赞“来自毛泽东国家的时装”。这场演出意味着中国服装表演事业在国际舞台上崭落锋芒。

1988 年 8 月：意大利南部城市那不勒斯举行“今日新模特国际大奖赛”，来自 23 个国家的 54 名模特参加比赛，中国模特彭莉夺得冠军，并获得“时装模特皇后”称号。彭莉婉拒了意大利经纪公司的重金挽留毅然回国。在那个时代，以彭莉为代表的中国模特表现出的职业素养和纪律性让国际同行刮目相看。

1988 年 9 月：中国服装工业代表团和模特队首次赴美参加久负盛名的国际成衣博览会和高级时装展示会。

1988 年：由纺织工业部主办，首次全国服装表演汇演在通州举行，来自全国的服装表演队进行汇报表演与经验交流。参加队伍包括北京服装表演队、哈尔滨第二毛纺厂毛毛服装表演队、天津服装研究所服装表演队、青岛纺织服装表演队等。

1988 年：中国国际广告公司和中国纺织品进出口公司联合组建“东方霓裳时装艺术表演团”，多次出访奥地利、菲律宾、越南等国，并参加中央电视台春节联欢晚会及在人民大会堂演出。

1989 年：江苏苏州丝绸工学院（现苏州大学）开设服装表演专业面向全国招生，14 位女生通过全国统一考试成为我国第一批高等院校服装表演专业的大学生。随即部分高校也相继开设了服装表演专业。截至 2016 年，近百所高校设置了该专业。

1989 年 3 月：经原纺织工业部批准，中国服装艺术表演团正式成立，自此模特行业提升到了艺术的范畴，中国时装模特行业进入了一个全新的发展阶段。

1989 年 4 月：由共青团中央主办的“首届全国青年时装艺术节表演赛”在北京通县举行。本次大赛共有全国各地 7 座城市的服装表演队参加，最后，北京服装表演队获得团体第一名，张锦秋获得个人第一名。

1989 年 11 月：经原纺织工业部批准，中国服装艺术表演团在广州花园酒店成功举办“中国首届最佳时装表演艺术大赛”（现 “新丝路中国模特大赛”），这是中国第一个全国性质的专业性模特赛事，全国二十余家模特队参与角逐，最终叶继红成为中国模特赛事的第一个冠军。

1989 年：北京电视台开办春节特别节目《今日风光正好》首都中老年服装模特大赛。在 240 名角逐者中，杜婉芹身着黑色长裙征服评委，荣获老年一组一等奖。这次大赛彰显了新中国中老年人的精神风貌，体现了中国社会的一大进步，丰富和促进了模特艺术事业的拓展。

1989 年：中国首个大学生时装表演队正式成立，队员是由几十所高校选拔出来的具有较高文化素养的大学生。该时装表演队在团中央指导下组织参演“首届全国青年时装表演大赛”等多场活动，使大学生课余文化与生活修养得到了全方位提升。

1990 年 9 月：为迎接第 11 届亚运会，法国时装设计大师皮尔・卡丹先生再次来到中国，并在劳动人民文化宫举行“1990~1991 最新时装展演”，叶继红、石凯等 40 多位模特参加演出。时装表演走进文化古迹，以独特的方式向古老的中国文化致敬。

1991 年春节：由中国服装研究设计中心组织，中国服装表演团策划的“三羊开泰”时装汇报表演走进中南海。演出后，国务院领导们亲切地接见了参演模特，并给予了高度赞许。

1991 年 3 月：“罗曼梦”首届中国百名模特时装展示会在北京工人体育馆举行。因在本次演出中出色的表现，模特郑宝丽成为服装品牌“罗曼”的形象代言人，拍摄独立画册。

1991 年 9 月：我国首次引进国际模特赛事“世界超级模特大赛”。第二届“世界超级时装模特大赛中国选拔赛暨第二届中国最佳时装模特艺术大赛”在北京中国大饭店拉开帷幕。陈娟红摘得大赛桂冠，国务院领导亲临现场并为冠军加冕。大赛还邀请了中央宣传部和中央外宣办领导，主流媒体关于模特报道的“破冰”之旅就此开始。次年，陈娟红赴美国参加“世界超级模特大赛”并荣获“世界超级模特”称号。

1991 年："全国青春美模特大赛"在哈尔滨举行，胡兵夺得男模第一名。

1992 年 12 月 8 日：中国服装设计研究中心在北京成立了我国首个模特经纪机构----新丝路模特经纪公司，该公司的出现代表中国模特行业开始了专业化的管理与运作。

1992 年：瞿颖、刘茜、苏瑾等参演了中国首部以"模特"命名的电视剧《中国模特》，该剧的大部分参演人员均为当时的专业模特，还原历史程度极高，备受广大观众喜爱。

1993 年 5 月：首届中国国际服装服饰博览会，200 余名中外模特联袂演绎法国时装设计大师皮尔·卡丹先生作品专场，并首次参加了意大利时装装设计大师瓦伦蒂诺和费雷的时装发布会。

1993 年：为纪念中韩两国建交一周年，韩国著名设计师安德烈·金应邀在北京举办服装秀，瞿颖、周迎等中国模特与韩国模特同台参演。安德烈·金作为文化交流使者，为促进中韩文化交流和两国友好做出了贡献。

1993 年：北京汽车展览会上，汽车模特的概念首次由西方引入国内。随着市场经济需求的不断变化，模特行业不断细分，逐渐呈现出多元化、专业化、多领域的发展趋势。

1994 年：第二届中国国际服装服饰博览会上，模特首次穿着中国历代服饰，参演由著名设计师史延芹首推的，具有史学价值的中国历代服饰展《昨天的辉煌》。

1995 年：世界著名的油画家陈逸飞先生投入模特经纪领域，在上海成立了逸飞模特经纪公司。而后在 1997 年，他又创办了中国首家联名模特公司-----上海逸飞新丝路模特公司，成为艺术家跨界模特文化事业领域第一人。

1995 年：中国服装服饰博览会组委会创办"中国模特之星大赛"，从此一批又一批的优秀模特新星通过这个舞台登上超模 T 台。

1995 年：上海国际服装艺术节组委会创办首届上海国际模特大赛，共有来自世界 16 个国家的模特参赛，马艳丽一举夺魁彰显了中国模特的实力。上海国际模特大赛还培养了姜培琳、王潇、佟晨洁等优秀模特。

1995 年：世界精英模特大赛中国选拔赛与中国超级模特大赛合并，举行了"世界超级模特大赛中国选拔赛"，谢东娜获得冠军。中央电视台首次全程转播了比赛的实况。该赛事培养了常欣、路易、岳梅、赵俊等优秀模特。

1996 年：国家劳动部颁布《服装模特职业技能标准（试行）》，模特被纳入国家劳动职业序列。由于多方面因素，该标准并未得到推广与执行。

1996 年初：上海海螺时装表演艺术团成立，这是国内第一支以男模为主体的专业男模时装表演队，在中国服装表演发展历程中具有特殊的意义。

1997 年 12 月 5 日：第一届中国服装设计博览会（现中国国际时装周）在北京民族文化宫开幕，发展至今已成为国内顶级的时尚发布平台，成为中国模特崭露头角、走向世界的窗口。

1998 年 7 月：第 16 届世界杯足球赛闭幕式，中国模特李昕与 300 余名世界顶级模特共同进行了一场名为“世界的色彩”的时装表演。

1998 年 10 月 18 日：由黎明服装集团赞助的“华夏黎明-----中国古今服饰（巴黎）展演”在国际舞台上大获成功，中国模特首次走进世界艺术殿堂法国卢浮宫。25 位中国模特身着中国古代服饰与现代时装轮番出场，在世界时装之都展示中国模特风采。

1998 年 12 月 22 日：为了表彰对时装及时尚产业发展做出突出贡献的时尚人物和知名品牌，中国服装设计师协会和中国国际时装周组委会共同创办了年度性奖项 “中国时装文化奖（现中国时尚大奖）”。其中“年度最佳职业时装模特”奖项成为中国职业模特行业的最高荣誉，极大提升了知名模特的公众影响力，马艳丽成为首位获得“中国最佳职业时装模特”称号的模特。

1999 年 2 月：第 20 届福特世界超级模特大赛全球总决赛于北京工人体育场成功举办。

1999 年 4 月：“首届中国精英男模大赛暨世界男模特大赛中国选拔赛”在浙江省宁波市举行，胡东获得了冠军，全国男模专项赛事的历程就此开启，中国男模拥有了更广阔的舞台展示风采。同年，胡东赴菲律宾，参加在马尼拉国际会议中心举行的“MANHUNT 世界男模特大赛”，荣获“世界十佳男模”和“最佳表演奖”。

1999 年 10 月：中华人民共和国成立 50 周年庆典活动中，由新丝路模特经纪公司组成的大型花车，在天安门广场庆祝游行中，以独特的形式展现了模特行业崭新的风貌。通过这次盛事，国家对于中国模特行业所展示出的新高度，也给予了更深层的认可和赞许。

1999 年 10 月：北京正式成立中国第一支职业老年模特队，模特这一职业不再只是青年男女的专利。

1999 年：新丝路模特经纪公司将 1989 年创办的“中国首届最佳时装表演艺术大赛”正式更名为“新丝路中国模特大赛”，这是国内首个以公司品牌命名的模特大赛，该赛事为行业发展起到了巨大的推动作用，历届大赛相继培养了叶继红、陈娟红、瞿颖、周军、谢东娜、岳梅、王海珍、于娜、杜鹃等超级名模。

中国模特职业化历程 2000~2016

1999 年 10 月 8 日：受国家纺织工业局的委托，中国服装设计师协会和中国服装协会在北京召开全国时装模特经纪人座谈会暨职业时装模特委员会筹备会，全国 28 家最具影响力的模特经纪和培训机构的负责人出席了会议。

2000 年 3 月 16 日：经国家纺织工业局批准，中国服装设计师协会和全国纺织教育学会创办“中国职业时装模特选拔大赛”，大赛面向全国大中专院校模特专业在校生，以促进时装模特专业教育与市场结合，推动我国时装模特职业化、规范化发展。

2000 年 6 月 16 日：经国家纺织工业局和民政部批准，中国服装设计师协会职业时装模特委员会在北京长城饭店宣告成立，中国职业模特队伍迈入新里程。

2000 年 9 月 20 日：由中国服装设计师协会、中国服装协会、全国纺织教育学会和德阳市人民政府共同主办，职业时装模特委员会承办的“剑南春杯”首届中国职业模特选拔大赛在四川德阳举行，最终李娟夺得冠军，王春艳和韩静分获亚军和季军。

2001年10月18日：由中国服装设计师协会、中国服装协会和中山市人民政府共同主办，职业时装模特委员会承办的“沙溪休闲杯”第七届中国模特之星大赛，在中国休闲装生产基地广东中山沙溪镇圆满落幕，唐雪萍、曾爱林和郝丽娜分别获得冠、亚、季军。

2001年11月23日：为使成员单位有一个平等参与中国国际时装周的机会，职业时装模特委员会利用行业优势，在北京青澜大厦二楼发布厅首次组织中国国际时装周模特大面试，促成了成员单位与发布企业面对面的接触与合作。此后一年两次的模特大面试不断总结和改进，成为成员单位展示经纪实力、推广优秀新人的最佳平台，也成为中国国际时装周开幕前独特的风景，备受媒体和业界关注。

2001年12月15日：中央电视台举办首届“CCTV模特电视大赛”，国家级官方媒体平台的深度介入，使中国模特的社会影响力得到空前提升。中国服装设计师协会应邀担任了其中几届的协办单位，职业时装模特委员会参与规则修订、评委邀请及赛事组织等工作。历届优秀选手均得到社会广泛关注，首届冠军由龙蕾获得。

2002年5月15日：职业时装模特委员会与浙江骊谷服饰有限公司签约，第七届中国模特之星大赛和第二届中国职业时装模特选拔大赛的冠、亚、季军，将作为“骊谷大使”由浙江骊谷服饰有限公司全程赞助赴欧洲观摩访问。

2002年5月16日："日利达杯"第二届中国职业时装模特选拔大赛在扬州举行，陈逸飞、刘嘉玲、马艳丽等担任评委，最终刘多、李丹和王姝获得大赛前三名殊荣。大赛期间职业时装模特委员会与日本现代时尚株式会社签署第七届中国模特之星大赛优秀选手赴日推广事宜，赛后模特刘丹、程倩等赴日工作交流，开启大赛优秀选手国际经纪推广的先河。

2002年6月28日：由第七届中国模特之星大赛和第二届中国职业时装模特选拔大赛的三甲选手组成"骊谷大使"欧洲访问团，起程前往奥地利、意大利、梵蒂冈、法国等欧洲多个国家，走访知名经纪公司并参观当地时尚产业市场。作为国内模特大赛首次选派获奖选手赴欧访问，为推进职业模特的国际化进程，加强与国际间的交流起到了积极的作用。

2002年6月29日：职业时装模特委员会组织成员单位的部分职业经纪人、教师和行业骨干，组成模特经纪人代表团正式起程前往欧洲，参观意大利、法国多家著名模特经纪和制作公司，切磋模特经纪经营理念和操作方式，了解各国时装市场和时尚产业现状。

2002年8月13日：2002世界精英模特大赛中国赛区总决赛在拉萨布达拉宫广场落下帷幕，石周靓获得时装组冠军。该赛事成为第一个在世界屋脊西藏举行的模特赛事。

2003年7月27日：由中国服装设计师协会和深圳市盐田区人民政府联合主办、职业时装模特委员会承办的“民生银行杯”首届华人风采模特大赛在深圳盐田明思克航母上成功举办，李亚红、王婷和徐佳佳分别夺得冠、亚、季军。这是职业时装模特委员会的一次全新尝试，选手年龄和身高标准首次放宽，旨在发现和打造多才多艺的模特新秀。

2003年8月18日：职业时装模特委员会二届执委会第二次会议在北京举行，会议审议通过试行《职业时装模特等级核定标准》，之后职业时装模特委员会在中国服装设计师协会主办的各类行业活动中对该标准不断修订和完善，对模特等级分类、演出价格、赛事认定、年度评选等进行了一系列有益的探索，为规范模特演出市场起到了一定的指导作用。

2003年10月13日：作为法国“中国文化年”开幕活动，“时尚中华--当代中国优秀时装设计师巴黎展示会”在法国巴黎卢浮宫举行，职业时装模特委员会根据历届中国时尚大奖的获奖次数和排名情况，向中国服装设计师协会推选了姜培琳、熊黛林等10名历届中国十佳职业时装模特出访法国参加此次演出，中国名模的法国之行受到法国时尚业界和时尚媒体的广泛关注和好评，为中国职业模特树立了良好的国际形象。

2003 年 11 月 26 日："喜得龙"时尚之夜——中国服装设计师协会十周年庆典暨 2003 中国国际时装周颁奖典礼在中国大饭店隆重举行，中国国际时装周 2004 春夏系列发布圆满落幕。王敏荣获 2003 年度中国最佳职业时装模特，杜鹃等荣获 2003 年度中国十佳职业时装模特。2005 年杜鹃再次获得这一殊荣，并成为第一位登上法国版 *VOGUE* 封面的亚洲模特；2006 年杜鹃正式进军国际获得众多顶级品牌的青睐，四大时装周更是连走 43 场时尚秀，成为 LV 等五大品牌全球广告代言，是首位进入 models.com Top50 的中国模特。

2004 年 3 月 8 日：由中国服装设计师协会、全国纺织教育学会和石狮市人民政府联合主办的"威兰西杯"第四届中国职业时装模特选拔大赛在石狮圆满落幕。"威兰西"品牌总裁陈连升大胆启用历届冠军做形象代言人，成为中国职业模特代言时尚品牌的成功典范。四届冠军李娟、刘多、戴小奕和沈妍在这一年中知名度直线上升，为职业模特取代影视明星代言时尚品牌，开启一个良性品牌价值传递的先河。

2004 年 5 月 28 日：由中国服装设计师协会和世界模特小姐大赛国际机构有限公司联合主办、职业时装模特委员会承办的第十六届世界模特小姐大赛国际总决赛在杭州圆满帷幕。来自世界 59 个国家和地区的 59 位选手经过为期近 20 天的“美丽之旅中国游”，为提倡“美丽经济”，加强城市文化建设、营造更多的中国时尚之都做了有益的尝试。最终特立尼达和多巴哥选手 Aqiyla Gomez 夺得冠军，获得第 2~ 第 5 名的选手分别是：中国选手马力、中国香港选手张颖、西班牙选手 Ana Leticia Fernandez 和波黑选手 Ljiljana Savovic。

2004 年 7 月 26 日：职业时装模特委员会第三次全体会议在北京举行，在原有主任委员和执行委员的基础构架上，首次设立“荣誉委员”，中国时尚大奖 1998~1999 年度最佳职业时装模特马艳丽和 2002~2003 年度最佳职业时装模特王敏成为第一批“荣誉委员”，有效健全了职业时装模特委员会组成机制。

2004年10月24日：由中国服装设计师协会和广西电视台主办的“斯达舒”杯第十届中国模特之星大赛在广西南宁圆满落幕。以“推新秀、造新星”而著称的中国模特之星大赛，十年来不断寻求发展和创新，造就了王敏、周韦彤、王雯琴、熊黛林、裴蓓等一大批超模。“星赛”从本届起引入卫视媒体深度合作，首次采用逐场淘汰制并通过卫视直播的方式面向全国广泛传播。更创造中国模特赛事先河，多方寻找历届九位冠军齐聚现场，共同见证第十颗中国模特之星的诞生。最后莫万丹夺得冠军，亚军、季军分别由姚岚和朱瑜获得。

2005年3月31日：由中国服装设计师协会主办的“浩沙”第二届华人风采模特大赛在中国国际时装周闪亮登场，丁洁、乌兰托雅和樊淑慧分获冠、亚、季军。同年，大赛经中国服装设计师协会批准引入日本奥斯卡推广株式会社联合主办，并更名为“美少女中国模特选拔大赛”，为国际合作和行业选拔的开拓性发展开创了崭新契机。

2005年4月10日：著名艺术家陈逸飞先生逝世。陈逸飞先生从职业时装模特委员会成立起，连续三届分别担任职业时装模特委员会艺术总监和艺术顾问，为中国模特事业的发展做出了重要贡献，他的艺术成就为世界所敬仰，他的离世也是世界时尚和艺术界的巨大损失。

2005年10月24日：中国服装设计师协会复函同意与世界男模管理集团、中国服装协会、晋江市人民政府共同主办“2006 Manhunt 世界男模特大赛”国际总决赛及中国区选拔赛。该赛事于1999年引进中国，首届中国男模特大赛冠军胡东代表中国参加世界总决赛并获得国际超模称号。通过该赛事脱颖而出的中国著名男模特还包括胡兵、程峻、徐冲、穆江、张伟飚、李学庆、高磊、郭宏庆、王林等，为中国男模特的繁荣发展做出了重要的贡献。

2005年11月19日：由中国国际时装周组委会和亚洲时尚联合会中国委员会共同主办，职业时装模特委员会承办的首届“中国国际时装周彩妆造型设计大赛”成功举办。大赛面向全国职业化妆造型师、美发美容师和化妆造型专业在校师生，是真正意义上的全国性彩妆造型设计大赛，从2005年~2010年成功举办6届，为化妆造型人才挖掘起到了积极作用，也使彩妆模特概念得到进一步延展。

2005年11月22日：中国服装设计师协会五届三次理事会在北京召开。会议宣布了《关于授予姜培琳等三人超级职业时装模特称号的决定》，经协会专业资格评审委员会评定并报主席办公会议批准，授予姜培琳、王敏、韦杰等三人中国服装设计师协会超级职业时装模特称号，这是中国服装设计师协会为职业模特首次授予的最高荣誉。

2006 年 6 月 14 日：亚洲时尚联合会中国大会 6 月 12~14 日在北京召开，来自亚洲各国时尚业界的官员代表与知名人士共同探讨推进亚洲国家时尚文化生活。在 14 日上午举行的亚洲时尚联合会中国委员会代表大会上，受邀出席的 36 位职业时装模特委员会委员，当选为中国委员会理事会理事。这是职业时装模特委员会积极参与时尚行业活动、发挥积极作用的一个开始，也是职业时装模特委员会政治和社会角色的一个提升。大会期间，在京各成员单位的名模们，还为亚洲各国的代表们奉献了两场精彩大秀。

2006 年 10 月 14 日：鉴于法国时装大师皮尔·卡丹先生多年来为中国时尚产业及模特行业的发展所起到的非常重要的影响和启示，中国纺织工业协会和中国服装设计师协会为 84 岁高龄依然来华发布的皮尔·卡丹先生授予“中国时尚功勋大使”称号，以表达对皮尔·卡丹先生推动中国时尚产业发展的敬意。

2006 年 10 月 19 日：“斯达舒”杯第十二届中国模特之星大赛总决赛在南宁圆满落幕。于凯文和何穗夺得男、女冠军。何穗数年后因四大时装周的秀场业绩和国际品牌全球广告代言，使她在 2011 年位列 models.com Top50 第 14 位，并成为继刘雯之后第二个并连续四年登上“维多利亚的秘密”内衣秀的东方超模。

2006 年 11 月 22 日：中国服装设计师协会第五次会员代表大会在北京举行，模特委员会 7 位主任委员当选为中国服装设计师协会第六届理事会理事，任期五年。职业时装模特委员会在时尚行业的话语权得到进一步巩固和加强。

2006 年 11 月 22 日：中国时尚大奖 2006 年度颁奖典礼在北京饭店金色大厅盛大举行，中国国际时装周 2007 春夏系列发布圆满落幕。莫万丹、张信哲荣获 2006 年度中国最佳职业时装模特，张梓琳等荣获 2006 年度中国十佳职业时装模特。作为最年轻的中国首席名模，2007 年莫万丹正式踏上国际 T 台，成为迪奥（Dior）等顶级品牌的专属模特，2009 年更成为首位登上法国航空杂志《夫人》（*Madame*）的中国模特。张梓琳在 2007 年摘得第 57 届世界小姐选美大赛全球总决赛的桂冠。

2007年7月29日：中国国际时装周十年庆典在北京圆满落幕，来自中国服装设计师协会各专业委员会的委员代表，以及历届中国时尚大奖获奖者、中国国际时装周的参与者等时尚业界人士出席了本次活动。庆典回顾了中国国际时装周的十年历程，并现场颁发十大国际友人、十大功勋企业家、十大设计名师、十大职业名模、十大时装名校等各个奖项。其中十大名模奖项的颁发，再次对职业模特对时装产业发展做出的贡献给予了充分肯定，马艳丽、陈娟红、郭桦、王敏、姜培琳、于娜、韦杰、杜鹃、戴小奕和莫万丹等十位超级模特获此殊荣。

2007年7月30日：职业时装模特委员会2007年度工作会议在北京召开，经中国服装设计师协会批准，职业时装模特委员会制订的《职业时装模特委员会成员单位合作公约》，经与会代表讨论一致通过了试行的决定。该公约的试行得到了全体成员单位的响应和支持，成员单位互相监督、共同遵守，规范了公司经纪行为，为促进同业和谐发展、倡导良性竞争和创建良好合作方式起到了积极的规范作用。

2007年9月24日：受全国政协邀请和中国服装设计师协会指派，由职业时装模特委员会组织承办的“2007年全国政协中秋委员活动日民族服装服饰展演”在全国政协会议中心举行。名模王诗文、何穗、赵晨池和王慧等15位职业模特和孙建勤等10位中老年模特参与了本次义演。这是职业模特第一次走进全国政协，模特们的职业素养得到政协委员们的充分肯定，也使政协委员了解和认识了职业时装模特这个行业。

2007年10月20日：法国时装大师皮尔·卡丹先生在甘肃敦煌举办“马可·波罗”2008春夏时装发布会。以五色鸣沙山与丝路驼队为背景，在延绵280米的“丝路”T台上，100多名中外模特向世界展示古丝绸之路的瑰丽文化和中国西部壮美的景观。同时以展现皮尔·卡丹先生与中国的时尚情缘以及20世纪70年代第一次来中国选拔模特等为背景的中国第一部时尚电影《鸣沙山》，也在敦煌同步拍摄。

2007 年 11 月 10 日：中国时尚大奖 2007 年度颁奖典礼在中国大饭店隆重举行，中国国际时装周 2008 春夏系列发布圆满落幕。康俊龙、边彦阳荣获 2007 年度中国最佳职业时装模特，刘雯等荣获 2007 年度中国十佳职业时装模特。2008 年刘雯正式进军国际成为世界时尚界的宠儿，2009 年成为第一个并连续四年登上“维多利亚的秘密”内衣秀的亚裔模特；连年四大时装周令人惊艳的秀场业绩和诸多国际品牌全球广告代言，使她在 2013 年位列 models.com Top50 第 3 位，创造亚裔模特最高纪录。2014 年更成为首位也是唯一一位入选 models.com“New Supers”全球新超模榜单的亚裔模特；位列福布斯全球最赚钱超模榜单并列第三位。

2008 年 1 月 2 日：中国服装设计师协会受北京奥组委文化活动部的委托，由职业时装模特委员会从职业模特中选拔奥运专业志愿者，出任 2008 北京奥运会重大活动颁奖礼仪。由在京 16 个成员单位层层选拔推荐并初选入围的 40 名职业模特，经过北京奥组委文化活动部官员及专家们严格甄选，韩璐等 15 位正式成为 2008 北京奥运会专业志愿者，她们代表中国职业模特，在奥运会的各个场馆向世界展示了中华文明和中国风采。

2008 年 1 月 15 日：职业时装模特委员会开通 modelchina 新浪博客。通过关于职模委员会、中国国际时装周、中国时尚大奖、中国职业模特大赛、中国模特之星大赛、历届年会、行业活动、专业论文等 11 个分类专栏，记录职业时装模特委员会的发展历程，透过国内最活跃的网络平台，让公众了解职业模特，认识正面积极的模特行业。

2008 年 5 月 9 日：为纪念全国青联成立 59 周年、迎接 2008 北京奥运会，受全国青联邀请和中国服装设计师协会指派，职业时装模特委员会组织承办的“同心迎奥运”中国运动装设计大赛获奖作品展演在北京国际会议中心举行，名模王诗文、米露、马浩然和罗彬等 24 位职业模特参与本次义演，模特们的表现又一次为模特行业赢得了掌声和荣誉。

中国模特爱心行动
The love from the models
不论有多难，
都要让最爱的心相连！
四川省阿坝藏族羌族自治州汶川县
北纬 30° 45°
东经 102° 51°
Chengdu
Fulin
中国模特爱心行动之
千名时装模特爱心 T 恤义卖
2008 年 6 月 14、15 日
我们虽然没有能力为他们重建一所学校
但我们可以为他们建立一个图书室、一个电脑房
您每买走一件 T 恤，就是为灾区小学增添一份知识的力量
发起单位：中国服装设计师协会职业模特委员会
支持单位：中国扶贫基金会
爱心赞助：KAPPA

2008年6月14日：由职业时装模特委员会在京主任委员单位发起、中国扶贫基金会特别支持、Kappa(卡帕)品牌倾力赞助，针对汶川灾区小学生举行的“中国模特爱心行动-----千名时装模特爱心T恤义卖”在全国展开。这是由一线职业模特参与、中国模特行业有史以来首次全国统一行动的爱心活动，响应倡议的27家骨干成员单位迅速行动，积极联络当地资源，从财力、物力和人力全方位无私奉献，全力参与本次活动；两天时间近千位职业名模在全国17座城市同时走上街头，通过T恤义卖和现场募捐获得善款198424.47元，献出中国职业模特的爱心和力量。

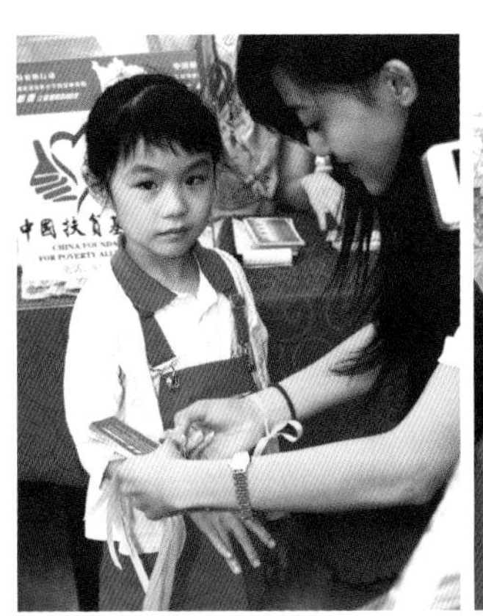

2008 年 6 月 19 日："爱心·时尚"赈灾捐赠会在北京 751D•PARK 举行。中国服装设计师协会对在救灾捐赠中表现突出的模特和设计师给予了表彰。马艳丽、姜培琳、莫万丹、李晔等被授予"5•12 地震赈灾先进个人"称号，北京概念久芭模特经纪有限公司、北京东方宾利文化发展中心、北京希肯国际模特经纪公司、龙腾精英国际模特经纪公司、西安时尚模特学校、威海小华模特学校、厦门霓裳文化传播公司、北京服装学院等被授予"5•12 地震赈灾先进集体"称号。

2008 年 9 月 12 日：适逢中秋佳节前夕，由中国服装设计师协会主办的"中秋时尚夜—2008 年度中国十佳职业时装模特提名晚宴"在北京 751D•PARK 隆重举行。此后每年中国服装设计师协会和中国国际时装周组委会都在中秋前后，通过媒体正式向社会公布当年提名年度最佳职业时装模特候选人的情况，这一形式受到媒体和参评模特的欢迎，让入围这一殊荣的职业时装模特的宣传推广更具社会影响力。

2009 年 5 月 5 日：著名时装模特李晔、王诗文、张思思、郑晓燕和虞洋洋等，在职业时装模特委员会副总干事韩永成、主任委员张舰和陈翔等陪同下，代表参与 2008 "中国模特爱心行动——千名时装模特爱心 T 恤义卖" 的全国近千名职业模特，前往四川省绵阳市北川羌族自治县探望片口乡小学的同学们，转达了全国模特们的真诚祝福。义卖善款捐建的拥有 45 台电脑和数台教学投影仪的 "中国模特爱心行动 - 爱心电脑教室" 当天投入使用，李晔赠送了自己在 "中国模特爱心行动" 中募集的 600 余件 Kappa 爱心 T 恤，王诗文则送上自己购买的 300 余件学习用品，同时她们还转交了北京恒华盛世文化传播有限公司捐赠的价值 10 万元的远程教育学习卡。结束了往返近 10 小时山路颠簸的北川之行，模特们纷纷表示，虽然山路崎岖遥远而危险，但 "中国模特爱心行动" 的脚步将永不停息……

2009 年 9 月 17 日：职业时装模特委员会 2010 年度工作会议在北京举行，为增强模特委员会团体凝聚力，促进成员单位之间业务交流与合作，会议邀请成员单位中的知名专家，针对模特教育、市场推广、时尚制作等三个专业领域进行探讨和交流，使与会成员在年会中得到更多实际有效的工作方法。这种以嘉宾主讲的形式介绍经验和成果、分析瓶颈和前景，配合现场对话、讨论等交流与互动，开启职业时装模特委员会年会的全新模式，使成员单位在整体业务素质方面得到普遍的提升，让年会更具实效性。

2009 年 10 月 16 日：职业时装模特委员会把坚持近十年、每年组织两届的 "中国国际时装周模特大面试" 弃大求精，对参与申报的成员单位限定面试名额，各单位在有限的名额下先行筛选，把最佳模特阵容展示在大面试现场，这既是成员单位整体实力的展示，也使大面试受到越来越多设计师的欢迎，从而吸引更多的发布机构参与大面试，有效规范模特演出市场和价格，维护职业模特的合理权益。

2010年5月10日：职业时装模特委员会对中国时尚大奖——年度最佳职业时装模特评选的申报条件进行修订，对申报参评的模特增加了提供有效经纪合约和年度完税证明两项全新要求，以此强化参评模特的社会责任意识，评价年度业绩和市场价值，让最终当选的十佳模特成为真正业绩领先和具有社会责任感的名模楷模。

2010年7月2日：职业时装模特委员会第五次全体会议在杭州召开。适逢职业时装模特委员会成立十周年，为表彰和纪念成员单位加入职业时装模特委员会十年来，在推动中国职业模特行业繁荣和发展做出的突出贡献。经中国服装设计师协会批准，职业时装模特委员会从本年度起，向入会届满十年的成员单位颁发《入会十年荣誉证书》，截至2016年入会十年的成员单位已达60家。

2010年8月9日：以“点燃青春梦想、成就明日之星”为主题的2010中国模特大会在北京开幕，大会由职业时装模特委员会和星美集团联合主办，以全国性模特青年训练营的形式，用名师、明星和名模的视角发掘未来新星。2011年大会更名为中国模特演艺大会，两届大会得到各界支持取得圆满成功，参与制作的工作团队多达51家单位。经模特委员会全国38家成员单位精心选拔推荐、来自21个省市自治区66座城市的369名模特新人通过大会历练成长，在轻松欢快的时尚氛围中接受了为期一周的专业培训和素质训练；国内知名化妆造型师、名模、经纪人、时装编导、时尚摄影师和名校教授等，对模特新人进行悉心辅导和言传身教；每晚以表演形式出现的专业分组赛成为模特新人交流技艺、展示才华的舞台。探索举办中国模特演艺大会，为推动中国模特行业发展创新项目及如何商业运作带来很多有益的启迪。

2010年11月1日：中国国际时装周2010年度颁奖典礼在北京饭店宴会大厅隆重举行，中国国际时装周2011春夏系列发布圆满落幕。赵磊、王诗文获得2010年度中国最佳职业时装模特。2010年赵磊作为唯一一位入选普拉达（Prada）春夏全球男装广告宣传片《初春》的亚洲男模特而备受世界时尚界关注，迅速成为时尚新宠，并凭借连年四大时装周骄人的秀场业绩和国际品牌全球广告代言，2012年成为闯入models.com Top50的首位中国男模特，最高排名位列第14位。难得的优质亚洲面孔，使他成为全球最赚钱的男模之一，是中国男模走向世界的典范和骄傲。

2011年3月10日：职业时装模特委员会在北京召开五届一次主任委员扩大会议。会议就《职业时装模特委员会成员单位合作公约》修订、中国国际时装周期间模特代理、模特大面试及公司面试协调互动、时装周期间违反该公约行为的处罚、以及对签约模特的管理与教育等诸多问题，进行了卓有成效的讨论和处理。这次会议的部分处理决定，对规范成员单位经纪行为起到了非常重要的作用。

2011年8月20日：职业时装模特委员会五届一次执委扩大会议在北京举行，会议决定向全体委员单位下发由职业时装模特委员会起草、并经6月22日五届二次主任委员会议讨论通过的《模特代理合同》和《模特经纪代理权转签协议》等两个推荐范本。职业时装模特委员会推荐范本的推出，为成员单位职业模特签约及转会，提供了较为规范的参考依据。

2012年7月19日：职业时装模特委员会负责人出席中国纺织工业联合会人事部召集的关于《中华人民共和国职业分类大典》模特部分修订工作会议。受国家劳动部委托，中国纺织工业联合会人事部承担该大典纺织行业各类职业及工种的修订工作。其中涉及模特的部分，明确交由中国服装设计师协会组织专家进行此项工作。之后职业时装模特委员会多次组织在京主任委员就模特的分类、名称、及职业描述等进行细致研讨，为该大典的修订提交了很多细致分析和综合意见，字里行间反映出主任委员们为提高模特的职业地位所做的努力。

2012年8月17日：职业时装模特委员会开通modelschina新浪和腾讯官方微博，新窗口的开通拓宽了中国职业模特形象的宣传范围，为规范行业、树立楷模增添了全新的渠道。

2012年11月2日：梅赛德斯-奔驰中国国际时装周2012年度颁奖典礼在北京饭店金色大厅圆满落幕。傅正刚、刘彤彤荣获2012年度中国最佳职业时装模特，郝允祥等荣获2012年度中国十佳职业时装模特，这是中国职业时装模特年度评选自1998年创办以来产生的首届十佳男模特。郝允翔在2012年被杜嘉班纳（Dolce Gabbana）选中首登米兰时装周获得顶级品牌关注，并为迪奥·桀骜（Dior Homme）拍摄全球广告。2014年凭借四大时装周骄人的秀场业绩郝允翔荣获2014年度中国最佳职业时装模特，并成为继赵磊之后第二位闯入models.com Top50的中国男模特。

2013年1月7日：IMTA国际模特及演艺大会洛杉矶大会在美国开幕，由职业时装模特委员会组织中国模特演艺大会代表、部分成员单位负责人和签约模特组成的中国代表团赴美观摩学习，与来自全球近百家模特和艺人经纪公司及培训学校的693名学员，参加了为期五天的盛会。大会由29项专业讲座、学习课堂和18项比赛组成，中国代表团的3名模特分别参加了6项比赛，成绩均名列前茅，大会为学员们开阔眼界及国际市场开启了崭新的渠道。之后职业时装模特委员会再次于2013年7月和2014年1月再次组织成员单位代表赴纽约大会和洛杉矶大会观摩学习，学员们经过专业培训与激烈竞争，取得了多项个人及团体排名前三的优异成绩，同时为开拓具有中国特色模特教育培训的市场模式，带来了全新的启迪。

2013年6月18日：职业时装模特委员会在《年度中国最佳职业时装模特参评条件及评选办法》的基础上，通过向主任委员和执行委员意见征询，修订并公布了《年度最佳职业时装模特评选细则》。通过更加系统和符合市场要求的公示、监督、投诉和沟通流程，对具有旗帜作用的年度最佳模特评选提出更为严格的要求。2014年职业时装模特委员会对该细则再度进行修订，增加个人所得税纳税额排名、时装周演出累计排名等更多的数据指标，真实反映参评模特年度市场业绩。

2013年9月24日：职业时装模特委员会2013年度执委会议在北京举行，会议讨论并通过了由职业时装模特委员会起草、主任委员修订的《全国（国际）性模特大赛管理暂行办法》。该办法结合模特赛事的发展现状，强化协会参与和监管力度，通过赛事成果认定，加强行业引导，规范各类赛事，促进行业选拔机制；以全行业的力量，维护正规专业赛事的形象和成果，树立中国职业模特赛事选拔标准，纠正赛事歪风并逐步淘汰低端赛事。

姚戈　马艳丽　王敏　康俊龙　汪桂花　张舰　王红民

2013年11月1日：中国服装设计师协会成立20周年纪念大会在北京召开，大会回顾了协会二十年历程，表彰了20年来为中国服装设计师协会发展做出突出贡献的优秀机构和个人，职业时装模特委员会主任委员单位北京东方宾利文化发展中心获得杰出贡献奖，马艳丽、王敏、康俊龙、汪桂花、张舰、王红民等获得优秀会员奖。

2013年12月17日：职业时装模特委员会开通modelschina微信公众号，至此职业时装模特委员会的新浪博客和微博、腾讯微博、微信公众号全部齐备，统一注册名称modelschina并获得官方认证。借助新媒体的传播优势扩大行业影响力，不断增强组织凝聚力，为带动行业新风、树立模特行业整体新形象发挥出积极作用。

2014年3月8日：中国服装设计师协会批复职业时装模特委员会，本着“项目精选、定位明确、组织规范”的原则，同意将一年一度的“中国职业时装模特选拔大赛”更名为“中国职业模特大赛”，以保护和促进中国职业模特大赛发展。

2014 年 12 月 23 日：由民族品牌百雀羚冠名的“百雀羚”第二十届中国模特之星大赛总决赛在北京举行，史启帆和梁向清摘得男女冠军。中国模特之星大赛作为中国历史悠久、连续举办时间最长的国家级专业模特赛事，“星赛”二十载星光熠熠，历届冠军王敏、莫万丹、王诗文等更是在夺冠之后市场业绩不断攀升，最终获得中国职业模特最高奖“中国时尚大奖——年度中国最佳职业时装模特”，裴蓓、何穗、金大川、王晨铭、史启帆、王弘宇等更是通过国际 T 台备受国际一线品牌青睐，成为亚洲模特的骄傲。

2015 年 3 月 23 日：“黄金搭档”第十届中国超级模特大赛总决赛在北京举办，王一摘得桂冠，赵雪淇和徐乃郁分获亚军和季军。中国超级模特大赛 2006 年立项，2010 年 8 月 18 日经中国服装设计师协会批准由职业时装模特委员会出任主办单位。历届冠军刘彤彤、程怡嘉、伍倩等登顶中国职业模特最高峰，获得“中国时尚大奖——年度中国最佳职业时装模特”的殊荣。

2015 年 12 月 22 日：由巨人网络全程冠名、中国服装设计师协会主办的“巨人网络”第十五届中国职业模特大赛总决赛在北京落幕，张中煜和关智分获男女冠军。中国职业模特大赛 15 年来为中国模特业选拔输送了一大批优秀的职业模特，被誉为“中国模特业的试金石”，其中历届冠军戴小奕、刘多、单静雅、马浩然和罗彬等获得中国职业模特最高奖“中国时尚大奖——年度中国最佳职业时装模特”的殊荣。

2016年1月4日：北京服装学院服装表演专业20周年图片展在北服艺术楼开幕。展览以精心搜集的珍贵图片资料，讲述中国模特行业三十余年发展历程及服装表演专业的成长史。同时由专业负责人李玮琦主编、八位教师合力完成的《中国模特》也正式出版并在展览中与观众见面。《中国模特》历时八个月搜集图文资料，业内几十位代表人物数次座谈，汇集大量行业历史事件信息、珍贵文献和照片资料，再现了中国模特行业三十余年的时代风采，是北京服装学院表演专业培养20届毕业生之际，对中国模特行业的珍贵献礼。

2016年1月24日：为期四天的2016秋冬巴黎男装周正式闭幕。2013第十九届中国模特之星大赛冠军、2015年度中国十佳职业时装模特王晨铭，以极具个人特色的新东方男模形象征服世界时尚界，成为最受关注的亚洲男模。2016秋冬男装周从伦敦站的一枝独秀到米兰站的大秀宠儿，再到巴黎站的一路领跑，以三站累计18场的突出成绩，在models.com本季男模走秀场次排名第12位，作为2016秋冬男装周亚洲秀霸，成为领跑亚洲男模的新生代超模。

2016年4月11日：由义乌市人民政府主办的“e模未来星”首届中国电商网络模特大赛总决赛在浙江义乌落幕。该赛事是国内首个以电商模特为标准的模特赛事，与时装模特大赛注重身高不同，颜值及网络思维成为重要评判标准；同时在提升电商网络模特职业素养的同时，响应国家“双创”号召，注重培养模特的创业能力，从而打造新一代能展示、能代言、能创业的电商网络模特标杆。首届电商网络模特论坛同期举行，并发布全国首份《中国电商网络模特白皮书》及电商网络模特行业标准。

2016年9月18：中国服装设计师协会第八次全国会员代表大会暨第八届第一次理事会在大连国际会议中心召开。来自全国各地的设计师代表、服装设计院校代表、地方设计师协会代表、时装模特机构代表、引领性品牌企业代表以及技术、陈列等产业链方面代表共计300余人汇聚一堂。大会选举产生了新一届理事会理事，张庆辉当选中国服装设计师协会第八届理事会主席。职业时装模特委员会主任委员、执行委员和部分委员出席会议，10位主任委员当选为新一届理事会理事，其中4位当选为常务理事。

2016年10月24日：梅赛德斯-奔驰中国国际时装周(2017春夏系列)开幕酒会在北京举行，经职业时装模特委员会投票推选，中国服装设计师协会和中国国际时装周组委会正式提名2016年度中国最佳职业时装模特候选人。这是年度TOP20男模特和TOP30女模特首次亮相中国国际时装周开幕活动，作为中国时尚界最优秀的超模代表，他们不仅领衔本季梅赛德斯-奔驰中国国际时装周近80场时装发布，同时也是年度中国十佳和最佳职业时装模特最有力的竞争者。

2016年11月2日："歌力思之夜——梅赛德斯-奔驰中国国际时装周闭幕式暨中国时尚大奖2016年度颁奖典礼"在拥有600年历史的北京太庙正殿盛大举行，中国时尚界年度系列大奖一一揭晓，史启帆、曾玲玲获得"中国时尚大奖2016年度最佳职业时装模特"称号。至此，"中国时尚大奖——年度最佳职业时装模特评选"历经19届，已产生最佳和十佳男女模特164位，他们是中国模特行业的旗帜，记录和见证了中国时装模特的职业化历程，并成为模特新人们学习的楷模。

中国服装设计师协会职业时装模特委员会第四次全体会议

中国服装设计师协会职业时装模特委员会年度工作会议

中国服装设计师协会职业时装模特委员会

中国服装设计师协会第八次会员代表大会

例外·马可作品 马庆摄

CHINA MODEL STAR CONTEST
中国模特之星大赛

历届中国模特之星大赛三甲名单

CHINA MODELING

INDUSTRY YEARBOOK 1979-2016

历届中国模特之星大赛冠亚季军

第一届中国模特之星大赛（1995年，举办地：北京）

冠军：刘英慧（上海服装集团服装表演艺术团）

第二届中国模特之星大赛（1996年，举办地：北京）

冠军：杨　岩

第三届中国模特之星大赛（1997年，举办地：北京）

冠军：范　莹（北京服装学院）

第四届中国模特之星大赛（1998年，举办地：北京）

冠军：王　敏（北京东方神韵时装展览展示中心）

亚军：陆　艳（上海逸飞新丝路模特文化有限公司）

季军：宋晓丹

第五届中国模特之星大赛（1999年，举办地：北京）

冠军：周　婕（上海服装集团服装表演艺术团）

亚军：陈　英

季军：张　平（青岛东方丽人模特艺术培训学校）

第六届中国模特之星大赛（2000年，承办地：广东[illegible]）

冠军：周　娜（新丝路模特经纪有限公司）

亚军：王雯琴（上海东亚模特经纪有限公司）

季军：楚　惠（河南省模特艺术研究协会、新丝路模特经纪有限公司）

第七届中国模特之星大赛（2001年，承办地：广东[illegible]）

冠军：唐雪萍（上海逸飞模特经纪有限公司）

亚军：曾爱林（新丝路模特经纪有限公司）

季军：郝丽娜（大连海连天服饰设计展演中心）

第八届中国模特之星大赛（2002年，承办地：浙江[illegible]）

冠军：殷雅洁（河南省模特艺术研究协会）

亚军：裴　蓓（安徽芜湖第一中学）

季军：娄　玉

第九届中国模特之星大赛（2003年，承办地：广东[illegible]）

冠军：王希维（新疆新丝路模特经纪有限公司）

亚军：汪　梦（山东慧可大道文化传播有限公司）

季军：洪琪儿（福州阳光丽人文化传播有限公司）

第十届中国模特之星大赛（2004年，举办地：广西南宁）

冠军：莫万丹

亚军：姚　岚（艾迪凯森艺术发展有限公司）

季军：朱　瑜（上海东华大学）

第十一届中国模特之星大赛（2005年，举办地：广西南宁）

冠军：王诗文（湖南世纪风模特经纪有限公司）

亚军：刘文靖（北京一鸣模特培训中心）

季军：刘丽娜（银川市天桥模特文化传播有限公司）

第十二届中国模特之星大赛（2006年，举办地：广西南宁）

冠军：何　穗

　　　干凯文（河南省模特艺术研究协会）

亚军：廖诗宇（四川新视典模特文化有限公司）

　　　叶　成（武汉丽颖模特广告有限公司）

季军：张　丽（福州阳光丽人文化传播有限公司）

　　　王　鹏（沈阳拓力合天公共关系有限公司）

第十三届中国模特之星大赛（2007年，举办地：广西南宁）

冠军：赵思宇（上海东华大学）

　　　杨　吉（石家庄新时尚演出经纪有限公司）

亚军：李柠杉（青岛东方丽人模特艺术培训学校、北京舞蹈学院）

　　　保　锴（银川市天桥模特文化传播有限公司）

季军：徐梦梅（北京市第六十一中学）

　　　高　鹏（北京市第六十一中学）

第十四届中国模特之星大赛（2008年，举办地：广西南宁）

冠军：史汶鹭

李传顺（湖南世纪风模特经纪有限公司）

亚军：王　旭（西安时尚模特职业培训学校）

杨　宏（南京梦想模特培训学校）

季军：杨　冉

李鹏飞（石家庄新时尚演出经纪有限公司）

第十五届中国模特之星大赛（2009年，举办地：广西南宁）

冠军：张紫炜（德州凯莱希模特职业培训学校）

扈忠汉

亚军：卞紫毓（上海东华大学）

鲁鑫利（南昌市新思露模特培训中心）

季军：范鑫鑫（西安时尚模特艺术培训学校）

徐　晨（南京梦想模特经纪文化有限公司）

第十六届中国模特之星大赛（2010年，举办地：广西南宁）

冠军：王誉霏（秦皇岛池雪文化传播有限公司）

毛楚玉（四川新视典模特文化有限公司）

亚军：王炳林（青岛东方丽人模特艺术培训学校、北京服装学院）

张　钰（秦皇岛池雪文化传播有限公司）

季军：金大川（山东泰安天艺模特培训中心）

王　瑜（天津工业大学）

第十七届中国模特之星大赛（2011年，举办地：广西南宁）

冠军：胡　楠（石家庄新时尚演出经纪有限公司）

蔡　浩（青岛东方丽人模特艺术培训学校、北京服装学院）

亚军：徐　征（东北师范大学美术学院）

于卿跃（北京服装学院）

季军：万川乔（上海东华大学）

黄　升（湖北七色风模特服饰有限公司）

第十八届中国模特之星大赛（2012年，举办地：广西南宁）

冠军：史欣灵（四川传媒学院）

海米提·巴图（河北葆力之士影视文化有限公司）

亚军：李小雪（青岛东方丽人模特艺术培训学校）

张骞予（河北葆力之士影视文化有限公司）

刁三木（天津工业大学艺术与服装学院）

季军：宁 婧（武汉纺织大学服装学院）

张 杉（河北葆力之士影视文化有限公司）

张雨杨（河北葆力之士影视文化有限公司）

第十九届中国模特之星大赛（2013年，举办地：广西南宁）

冠军：欧阳静（北京吉利大学）

王晨铭（四川师范大学）

亚军：霍佳琳（河北葆力之士影视文化有限公司）

田 野（武汉体育学院）

季军：边 慧（上海东华大学）

杨吉光（山东泰安天艺模特培训中心）

第二十届中国模特之星大赛（2014年，举办地：北京）

冠军：梁向清（潍坊艺翌艺术教育培训学校、潍坊一中）

史启帆（河南师范大学）

亚军：周 欢（四川师范大学）

王冬旭（四川师范大学）

季军：高 彤（武汉广播电视台）

张志鹏（潍坊艺翌艺术教育培训学校、潍坊七中）

第二十一届中国模特之星大赛（2015年，举办地：北京）

冠军：任 梦（北京服装学院）

王弘宇（西安工程大学）

亚军：魏小涵（吉林省敦化市实验中学）

李凯文（玉溪体育运动学校）

季军：李 可（吉林市铭阳模特经纪公司、东北师范大学）

唐志恒（长沙上尚文化传播有限公司）

郑旭琛（北京服装学院）

第二十二届中国模特之星大赛（2016年，[illegible]）

冠军：崔晨晨（山东泰安天艺模特培训中心）

　　　王皓东（太原理工大学）

亚军：谢合日扎提·麦麦提江（新疆麟龙文化传媒有限公司）

　　　刘文婧（山东泰安天艺模特培训中心）

　　　秦伟钊（南宁形景模特经纪有限公司）

　　　端木珺上（解放军艺术学院）

季军：李子娴（北京职业模特学校）

　　　马熠晗（北京服装学院）

　　　付伟伦（乌兰浩特市四中）

　　　马子垠（河南柏辰文化传播有限公司）

NE・TIGER・张志峰作品 田古国摄

CHINA PROFESSIONAL MODEL CONTEST
中国职业模特大赛

历届中国职业模特大赛三甲名单

CHINA MODELING
INDUSTRY YEARBOOK 1979-2016

第一届中国职业时装模特选拔大赛（2000年，举办地：德阳）

冠军：李　娟（天津纺织工学院）

亚军：王春艳

季军：韩　静（青岛东方丽人模特艺术培训学校）

第二届中国职业时装模特选拔大赛（2002年，举办地：扬州）

冠军：刘　多（北京一鸣模特培训中心）

亚军：李　丹（北京市第六十一中学）

季军：王　姝

第三届中国职业时装模特选拔大赛（2003年，举办地：石狮）

冠军：戴小奕（青岛东方丽人模特艺术培训学校）

亚军：薛　婧（武汉丽颖模特广告有限公司）

季军：孙玉琦（大连海连天服饰设计展演中心）

第四届中国职业时装模特选拔大赛（2004年，举办地：石狮）

冠军：沈　妍（上海东华大学）

亚军：梁蓉菲（河南魅力东方模特经纪有限公司）

季军：崔雅婕（北京星宇立君文化艺术传播有限公司）

　　　崔雅娟（北京星宇立君文化艺术传播有限公司）

第五届中国职业时装模特选拔大赛（2005年，举办地：合肥）

冠军：赵晨池

亚军：白云平（河北省体育运动技术学校）

季军：单靖雅（北京希肯国际模特经纪有限公司、北京服装学院）

　　　王　青（湖北武汉大学）

第六届中国职业时装模特选拔大赛（2006年，举办地：绍兴）

冠军：张英茜（沈阳拓力合天公共关系有限公司）

　　　马浩然（北京服装学院）

亚军：吴晓辰（沈阳拓力合天公共关系有限公司）

　　　吕元浩（沈阳拓力合天公共关系有限公司）

季军：李小瑶

　　　吴斌胜（上海东华大学）

第七届中国职业时装模特选拔大赛（2007年，举办地：北京）

冠军：胡莹莹（淄博凯莱希模特职业培训学校）

　　　罗　斌（北京星宇立君文化艺术传播有限公司）

亚军：刘思彤（大连时尚天姿模特艺术公司）

　　　李凌云（上海东华大学）

季军：张　妲（石家庄新时尚演出经纪有限公司）

　　　范古月（重庆视界之星模特礼仪培训学校）

第八届中国职业时装模特选拔大赛（2008年，举办地：惠州）

冠军：张艺幡（内蒙古狄安娜模特现代艺术培训学校）

亚军：杨若晨（石家庄新时尚演出经纪有限公司、上海东华大学）

季军：邱　嫱（北京舞蹈学院）

第九届中国职业时装模特选拔大赛（2009 年，举办地：惠州）

冠军：严清瑶（北京市第六十一中学）

亚军：何景宜（新疆顶尖文化发展有限公司）

季军：肖　莉（北京舞蹈学院）

第十届中国职业时装模特选拔大赛（2011 年，举办地：三亚）

冠军：李　雪（陕西省模特艺术协会）

亚军：陈　然（上海东华大学）

季军：崔璐璐（石家庄新时尚演出经纪有限公司）

第十一届中国职业时装模特选拔大赛（2011 年，举办地：鄂尔多斯）

冠军：赵冰清（北京服装学院）

亚军：李晓玉（淄博凯莱希模特职业培训学校）

季军：雷淑涵（石家庄新时尚演出经纪有限公司）

第十二届中国职业时装模特选拔大赛（2012 年，举办地：营口）

冠军：靳天一（大连时尚天姿模特艺术公司）

亚军：赵怡君（天津工业大学艺术与服装学院）

季军：陶　露（四川师范大学）

第十三届中国职业时装模特选拔大赛（2013 年，举办地：北京）

冠军：孟　欣（兰州凤林渡文化传播有限公司）

亚军：吴皖凌（四川师范大学）

季军：王莹儿（新疆顶尖文化发展有限公司）

第十四届中国职业模特大赛（2014 年，举办地：北京）

冠军：刘佳惠（辽宁北方模特职业培训学校）

亚军：马　腾（邯郸市钢苑中学）

季军：朱芮萱（新疆顶尖文化发展有限公司）

第十五届中国职业模特大赛（2015 年，举办地：北京）

冠军：关　智（北京职业模特学校）

　　　张中煜（河南省柏辰文化传播有限公司）

亚军：杨舒婷（东北电力大学）

　　　李雨峰（辽宁北方模特职业培训学校）

季军：李思璇（北京职业模特学校）

　　　赵志强（北京职业模特学校）

　　　李　明（北京服装学院）

第十六届中国职业模特大赛(2016 年，举办地：三亚)

冠军：刘春杰（河南柏辰文化传播有限公司）

　　　周旷男（河南柏辰文化传播有限公司、陕西纽持模特经纪有限公司）

亚军：毛怡月（北京服装学院）

　　　曹　勍（北京服装学院）

　　　李嘉辉（潍坊市艺翌艺术教育学校）

季军：赵一宁（潍坊市艺翌艺术教育学校）

　　　刘　欢（青岛东方丽人模特艺术培训学校）

　　　许文浩（北京城市学院）

　　　苏曾嘉（山东泰安天艺模特培训中心）

玫瑰坊 · 郭培作品 徐军摄

第三届中国超级模特大赛 (2008 年，举

冠军：刘彤彤（大连工业大学服装学院

亚军：谭　洁

季军：张抒扬（上海东华大学）

第四届中国超级模特大赛(2009年，举办地：北京)

冠军：张　钰（北京东方宾利文化发展中心）

亚军：郭英贤（北京服装学院）

季军：许　濛（南京梦想模特经纪文化有限公司）

第五届中国超级模特大赛(2010年，举办地：北京)

冠军：伍　倩（重庆视界之星模特礼仪培训学校）

亚军：程怡嘉（重庆视界之星模特礼仪培训学校）

季军：李宜菲（新疆新丝路模特经纪有限公司）

第六届中国超级模特大赛(2011年，举办地：北京)

冠军：辛　锐（山东慧可大道文化传播有限公司）

亚军：张　玉（山东慧可大道文化传播有限公司）

季军：赵艳洋（天津盛世阳光影视文化传播中心）

第七届中国超级模特大赛(2012年，举办地：北京)

冠军：张　菁（北京国际职业教育学校）

亚军：宋可欣（北京国际职业教育学校）

季军：李嘉颐

第八届中国超级模特大赛（2013年，举办地：北京）

冠军：张龄月（中国传媒大学南广学院）

亚军：赵思雨（唐山市第二十三中学）

季军：雷淑涵（山东莱钢高级中学）

第九届中国超级模特大赛（2014年，举办地：北京）

冠军：耿　璇（辽宁北方模特职业培训学校）

亚军：王睿羽（东华大学）

季军：张　莉（呼和浩特市第七中学）

第十届中国超级模特大赛（2015年，举办地：北京）

冠军：王　一（北京服装学院）

亚军：赵雪淇（吉林市铭阳模特经纪公司）

季军：徐乃郁（北京服装学院）

第十一届中国超级模特大赛（2016年，举办地：北京）

冠军：田　霖（北京服装学院）

亚军：苏可欣（山东泰安天艺模特培训学校）

季军：钟欣彤（惠州市新兵文化传播有限公司）

瞿清怡（北京服装学院）

CHINA FASHION AWARD
中国时尚大奖

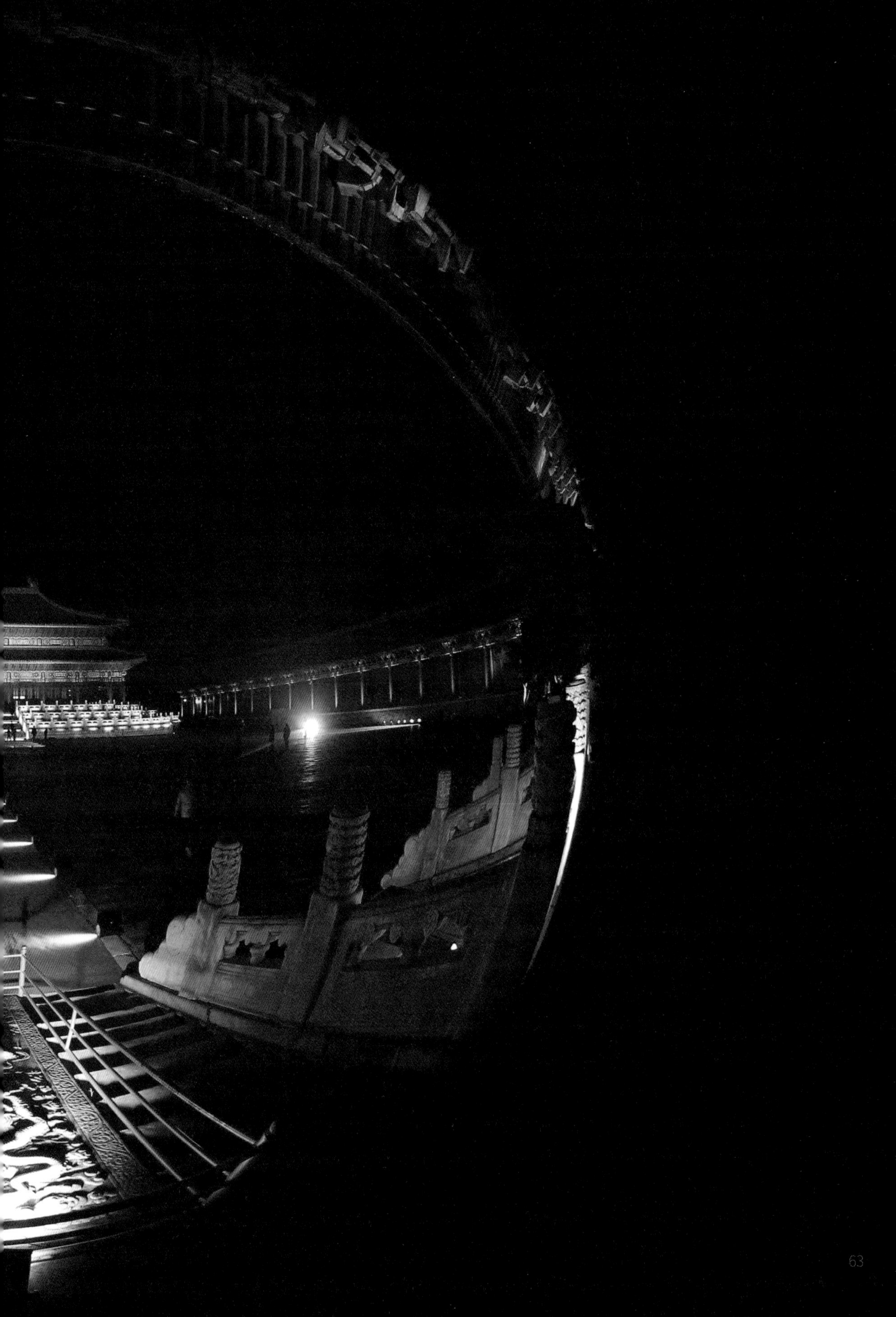

中国时尚大奖
CHINA FASHION AWARD

中国时尚大奖

历届年度最佳职业时装模特评选入围名单

2002年度TOP30女模特：

于　萍、马　力、马　月、王　姝、王　敏、王　燕、王春艳、王雯琴、关　琦、朱微微
佟晨洁、张　特、张　睿、张思思、李　艾、李　娟、李　彬、杨　琦、陈　江、周　娜
姜培琳、胥力文、郝丽娜、倪明曦、唐雪萍、章静贤、彭丽霞、谢亚男、楚　惠、熊黛林

2003年度TOP35女模特：

于　萍、王　姝、王　敏、王春艳、韦　杰、关　琦、刘　多、吴则斌、张　迪、张　特
张　菊、李　丹、李　娟、李凯霞、杜　鹃、陈　江、陈　靖、范悦歌、段呈凤、胥力文
赵元琪、倪明曦、唐雪萍、徐　娟、殷　蕙、贾春丽、黄熹娆、曾　玲、曾庆元、曾爱林
程　梁、葛　薇、廖潇鸣、薛　婧、戴小奕

2004年度TOP30女模特：

马　力、王　阳、王　欧、王　敏、王希维、韦　杰、边彦阳、龙　蕾、刘　丹、刘　多
刘巾薇、张　特、张　睿、李　晔、李亚红、李斯羽、杜　鹃、沈　妍、肖　青、陈　靖
易　函、范　莹、段呈凤、胥力文、栾凤玲、热　娜、贾妮妮、常春晓、曾爱林、戴小奕

2005年度TOP30女模特：

马　力、王　欧、王　姝、王希维、冯　婧、边彦阳、龙　蕾、刘　丹、朱　楠、张　特
李　丹、李亚红、李斯羽、杜　鹃、沈　妍、肖　青、陈　靖、单靖雅、周伟童、易　函
罗紫琳、范　莹、段呈凤、洪琪儿、赵晨池、莫万丹、贾妮妮、韩　静、裴　蓓、戴小奕

2006年度TOP30女模特：

王　玉、王　阳、王　姝、王诗文、王梦娇、冯　婧、刘　多、刘巾薇、刘文靖、朱　琳
朱　瑜、张英茜、张梓琳、李　丹、李　婷、李亚红、李雨桦、肖　青、陈　春、单靖雅
苑　园、赵丽娜、赵晨池、莫万丹、郭思雅、顾迪菲、蒋银艳、谢斐渊、韩　璐、裴　蓓

2007 年度 TOP30 女模特:

王　玉、王　琦、王　慧、王伊娜、王诗文、冯　婧、边彦阳、刘　雯、孙誉函、朱琳琳

张　玥、张　迪、张　睿、张英茜、张梓琳、李　君、李丹妮、李斯羽、李霄雪、单靖雅

赵丽娜、赵晨池、徐欣亭、郭思雅、高秀丽、崔雅娟、崔雅婕、董　雯、谢斐渊、韩　冉、裴　蓓

2008 年度 TOP30 女模特：

丁　宁、王　玉、王　慧、王冬梅、王伊丽、王伊娜、王诗文、卢　娜、卢心彤、乔　琪
刘　多、刘婀楠、孙誉函、米　露、张　玥、张　静、李　晔、李斯羽、李霄雪、杨　芳
苏　妍、单靖雅、赵丽娜、钞俊男、郭思雅、黄超燕、董　雯、韩　冉、韩　璐、乌兰托雅

2009 年度 TOP30 女模特：

马　青、王冬梅、王佳颖、王诗晴、王梦雅、卢　娜、卢心彤、孙誉函、朱　楠、何智慧
张英茜、李　超、李小瑶、李霄雪、沈丽丽、谷　雨、邱　嫱、单靖雅、胡莹莹、赵思宇
夏敏洁、郭思雅、崔雅娟、崔雅婕、黄超燕、程钰婷、董　雯、韩　璐、乌兰托雅、麦迪乃姆

2010 年度 TOP30 女模特:

马　青、毛　欢、王　玉、王　慧、王诗文、王诗晴、王梦雅、卢　娜、卢心彤、刘彤彤
刘思琦、刘婀楠、纪莉莉、何　穗、张　钰、李　野、李盈斓、李霄雪、杨　芳、汪　梦
邱　嫱、周旦妮、胡莹莹、赵晨池、夏敏洁、郭英贤、崔雅娟、崔雅婕、黄超燕、杨孜芊芊、陈观晓月

2011 年度 TOP30 女模特:

马　青、王诗晴、王曼旌、王梦雅、冯　婧、卢　娜、卢心彤、伍　倩、刘　旭、刘彤彤
刘思琦、纪莉莉、张　旭、张　钰、张　雪、张　鑫、张紫炜、李　野、李　超、李乔丹
李昕岳、邱　嫱、周旦妮、贾亦真、郭英贤、程怡嘉、葛晓慧、睢晓雯、潘　艳、陈观晓月

2012 年度 TOP30 女模特：

王 旭、王 岚、王诗颐、王曼旌、毛 欢、毛楚玉、古 晨、伍 倩、刘 旭、刘彤彤
那广子、李 超、李玮婷、李昕岳、李蔚语、杨 芳、杨璐溪、邱 嫱、辛 锐、张 旭
张 钰、张雨涵、张紫炜、周旦妮、胡 楠、胡莹莹、葛晓慧、程怡嘉、黎伟珊、滕 腾

2012 年度 TOP20 男模特：

于卿跃、干凯文、王 飞、石 拓、刘 畅、许伯朗、杜诗博、李 振、李子峰、杨 吉
罗 彬、金大川、赵鑫泽、郝允祥、南伏龙、姚 阳、高伟光、韩 旭、傅正刚、蔡 浩

2013年度TOP30女模特:

王　旭、王　岚、王诗颐、王翠霞、王　慧、毛　欢、毛楚玉、朱娅娜、伍　倩、刘丽洁
那广子、李沛霖、李玮婷、李蔚语、何若阳、张　帆、张紫炜、陈　研、陈章妹、武　悦
赵冰清、胡莹莹、战永鑫、高子叶、郭方达、程怡嘉、曾玲玲、黎伟珊、滕　腾、魏一丰

2013年度TOP20男模特:

于卿跃、王家骅、韦国强、石　拓、吕丕强、汤洪振、杜诗博、李　振、李子峰、李博文
李　想、罗　彬、金大川、赵鑫泽、南伏龙、姚　阳、韩　旭、蔡雨峰、蔡　浩、海米提·巴图

2014 年度 TOP30 女模特：

李蔚语、毛楚玉、张龄月、李晓玉、雷淑涵、宋可欣、胡莹莹、王翠霞、赵艳洋、那广子
陈梦露、赵思雨、王　能、靳天一、史欣灵、郭方达、张　菁、王海儿、解舒雅、王　慧
武　悦、王　岚、钟阳阳、周　爽、张紫琦、曾玲玲、张梅琳、高子叶、马晓晨、苗豆豆

2014 年度 TOP15 男模特：

郝允祥、汤洪振、蔡　浩、黄　升、吕丕强、王家骅、张　超、姚　阳、王雨甜、李博文
范文辉、陈　超、蔚方卿、赵庆贺、海米提 · 巴图

2015 年度 TOP30 女模特：

伍　倩、那广子、雷淑涵、宋可欣、李晓玉、欧阳静、董　蕾、王　能、月弯弯、靳天一
吴皖凌、何景宜、毛楚玉、王翠霞、史欣灵、霍佳琳、任　睿、王海儿、张龄月、张　瑜
孙一超、张　帆、张梦晴、陶　露、黄晓婉、姜房磊、周　爽、郎振男、李晓晨、关美琳

2015 年度 TOP15 男模特：

姚　阳、蔡雨峰、黄　升、田　野、蔡　浩、王晨铭、王家骅、吴文祥、李伟健、李博文
张雨扬、张　超、李　晨、张家玮、孟繁煜

2016 年度 TOP30 女模特：

曾玲玲、于宛平、胡　楠、董　蕾、毛楚玉、张龄月、苏嗣淇、何景宜、靳天一、郭素平
欧阳静、王　一、王海儿、霍佳琳、王　能、雷淑涵、李玮婷、孟　欣、梁向清、史欣灵
耿　璇、陈思琪、周淑婧、任　梦、赵　娟、王一慧、孙一超、李雨桦、周　爽、宋　夏

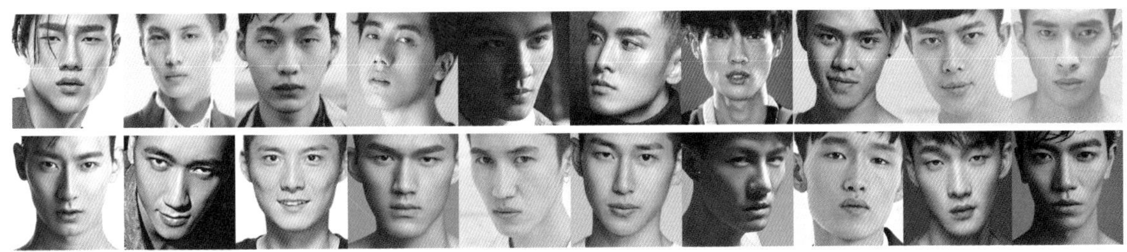

2016 年度 TOP20 男模特：

史启帆、蔡　浩、王晨铭、宋明皓、黄　升、林　斌、倪　浩、张雨杨、李佩洋、朱　磊
李博文、王康聪、刘　桂、张中煜、丁宝鹏、郑旭琛、于卿跃、邓俊伟、王弘宇、孟繁煜

中国时尚大奖

历届年度十佳职业时装模特名单

第一届中国时装文化奖——1998 年度十佳职业时装模特

马艳丽、陈娟红、郭　桦、王　敏、岳　梅、郭佳岚、张锦秋、周　军、于雅男、包海青

第二届中国时装文化奖——1999 年度十佳职业时装模特

马艳丽、郭　桦、岳　梅、罗锦婷、王　敏、李　芳、包海青、赵　俊、路　易、施　薇

第三届中国时装文化奖——2000 年度十佳职业时装模特

姜培琳、王海珍、于　娜、周　娜、李　娟、王春艳、韦　杰、王　燕、冯　娜、李　冰

第四届中国时装文化奖——2001 年度十佳职业时装模特

姜培琳、周　娜、冯　娜、王　燕、张　特、李　娟、楚　惠、王春艳、薛　飞、吴向东

第五届中国时装文化奖——2002 年度十佳职业时装模特

王　敏、李　艾、张　特、李　娟、胥力文、王春艳、楚　惠、熊黛林、王　燕、唐雪萍

中国时尚大奖——2003 年度十佳职业时装模特

王　敏、刘　多、韦　杰、胥力文、李　娟、张　特、王春艳、唐雪萍、杜　鹃、张　迪

中国时尚大奖——2004 年度十佳职业时装模特

韦　杰、刘　多、边彦阳、王　敏、刘巾薇、张　特、栾凤玲、戴小奕、贾妮妮、马　力

中国时尚大奖——2005 年度十佳职业时装模特

戴小奕、边彦阳、张　特、贾妮妮、杜　鹃、莫万丹、单靖雅、李斯羽、段呈凤、刘　丹

中国时尚大奖——2006 年度十佳职业时装模特

莫万丹、刘巾薇、单靖雅、李亚红、肖　青、谢斐澜、韩　璐、张梓琳、苑　园、赵晨池

中国时尚大奖——2007 年度十佳职业时装模特

边彦阳、李斯羽、王　玉、王　慧、朱琳琳、李丹妮、单靖雅、刘　雯、赵晨池、冯　婧

中国时尚大奖——2008 年度十佳职业时装模特

刘　多、单靖雅、王诗文、李　晔、王　慧、赵丽娜、杨　芳、韩　冉、李霄雪、米　露

中国时尚大奖——2009 年度十佳职业时装模特

单靖雅、马　青、李　超、李霄雪、王诗晴、朱　楠、郭思雅、沈丽丽、韩　璐、乌兰托雅

中国时尚大奖——2010 年度十佳职业时装模特

王诗文、马　青、赵晨池、王诗晴、纪莉莉、李霄雪、崔雅娟、崔雅婕、刘思琦、卢心彤、杨　芳

中国时尚大奖——2011 年度十佳职业时装模特

马　青、王诗晴、纪莉莉、王梦雅、冯　婧、程怡嘉、刘彤彤、刘思琦、张　鑫、张　钰

中国时尚大奖——2012 年度十佳职业时装模特

刘彤彤、那广子、李　超、张　旭、黎伟珊、李蔚语、毛楚玉、刘　旭、胡　楠、葛晓慧

傅正刚、高伟光、姚　阳、李子峰、郝允祥、蔡　浩、南伏龙、李　振、杜诗博、于卿跃

中国时尚大奖——2013 年度十佳职业时装模特

程怡嘉、王　慧、那广子、王　旭、王翠霞、曾玲玲、李蔚语、滕　腾、毛　欢、伍　倩

罗　彬、李子峰、姚　阳、石　拓、蔡　浩、李　想、吕丕强、韩　旭、汤洪振、海米提.巴图

中国时尚大奖——2014 年度十佳职业时装模特

李蔚语、那广子、王　能、王　慧、张龄月、毛楚玉、武　悦、王翠霞、陈梦露、胡莹莹

郝允祥、蔡　浩、姚　阳、赵庆贺、王雨甜、李博文、黄　升、王家骅、吕丕强、蔚方卿

中国时尚大奖——2015 年度十佳职业时装模特

伍　倩、那广子、王　能、王翠霞、月弯弯、张　瑜、李晓晨、宋可欣、张　帆、雷淑涵

姚　阳、蔡　浩、王晨铭、王家骅、李　晨、李博文、张　超、蔡雨峰、田　野、吴文祥

中国时尚大奖——2016 年度十佳职业时装模特

曾玲玲、王　能、王　一、于宛平、霍佳琳、王海儿、孙一超、何景宜、周　爽、董　蕾

史启帆、蔡　浩、王弘宇、倪　浩、邓俊伟、宋明皓、张中煜、林　斌、孟繁煜、朱　磊

1998 年度中国十佳职业模特

1999 年度中国十佳职业模特

2000年度中国十佳职业模特

2001 年度中国十佳职业模特

2002 年度十佳职业时装模特
王燕、王敏、张特、胥力文、熊黛林、唐雪萍、楚惠、王春艳、李娟、李艾

2002 年度最佳职业时装模特
王敏

摄影
黑冰摄影—畏冰
服装
汉帛

2003 年度十佳职业时装模特
[illegible]、王春艳、王敏、刘[illegible]、[illegible]、[illegible]、[illegible]、[illegible]、张[illegible]、张[illegible]

2003 年[illegible]
王[illegible]

摄影
黑冰摄影—晨冰

2004 年度十佳职业时装模特
王敏、马力、韦杰、贾妮妮、栾凤玲、边彦阳、刘市薇、张特、戴小奕

2004 年度最佳职业时装模特
韦杰

摄影
黑冰摄影—長冰

程峻、戴小奕、杜鹃、单靖雅、李斯羽、莫万丹、段呈凤、贾妮妮、刘丹、张特、边彦阳
中国时尚大奖
CHINA FASHION AWARD
2005年度十佳职业时装模特：
戴小奕、边彦阳、张特、贾妮妮、杜鹃、莫万丹、单靖雅、李斯羽、段呈凤、刘丹
2005年度最佳职业时装模特：
戴小奕、程峻
摄影：
服装：

2006年度十佳职业时装模特
莫万丹、刘巾薇、单靖雅、李亚红、肖青、谢斐渊、韩璐、张梓琳、苑园、赵晨池

2006年度最佳职业时装模特
莫万丹、张信哲

莫万丹
韩璐
摄影：DAYASTYLE
化妆：吉米造型
服装：WHITE COLLAR®

2007 年度十佳职业时装模特
康俊龙、李斯羽、边彦阳、李丹妮、赵晨池、朱琳琳、王玉、王慧、单靖雅、刘雯、冯婧

2007 年度最佳职业时装模特
康俊龙、边彦阳

摄影
般若视觉 王实

女装
WHITE COLLAR

2008年度十佳职业时装模特

李晔、韩冉、赵丽娜、刘多、杨芳、单靖雅、王诗文、米露、李霄雪、王慧（由左至右）

2008年度最佳职业时装模特

刘多、孟飞

策划拍摄：DAYASTYLE 大雅风尚　　化妆造型：马玉造型　　服装提供：WHITE COLLAR

2009年度十佳职业时装模特
沈丽丽、韩璐、郭思雅、李霄雪、单靖雅、王晖越、马青、朱楠、乌兰托雅、王诗晴、李超

2009年度十佳职业时装模特
单靖雅、王晖越

摄影
法国--Gilles-Marie Zimmermann

服装
WHITE COLLAR

2010年度十佳职业时装模特
王诗晴、李霄雪、卢心彤、崔雅婕、马青、崔雅娟、赵磊、王诗文、刘思琦、赵晨池、纪莉莉、杨芳

2010年度最佳职业时装模特
赵磊、王诗文

摄影
大雅风尚一娟子

服装
米皇羊绒

中国时尚大奖
CHINA FASHION AWARD

2011 年度十佳职业时装模特
张鑫、刘思琦、王飞、刘彤彤、纪莉莉、冯婧、程怡嘉、马浩然、马青、张钰、李子峰、王诗晴、王梦雅

2011年度最佳职业时装模特
马浩然、马青

摄影
大雅风尚—媚子

服装
WHITE COLLAR

2012 年[illegible]
[illegible]、傅正刚、杜[illegible]

2012 年度最佳职业时装模特
傅正刚

2012 年度十佳职业时装模特
邢广子、李超、刘旭、葛晓慧、傅正刚、刘彤彤、张旭、李蔚语、胡楠、黎伟珊、毛楚玉

2012 年度最佳职业时装模特
傅正刚、刘彤彤

摄影
大雅风尚—娟子

服装
WHITE COLLAR

中国时尚大奖
CHINA FASHION AWARD

2013 年度十佳职业时装模特
石拓、姚阳、李想、蔡浩、吕丕强、汤洪振、罗彬、李子峰、韩旭、海米提·巴图

2013 年度最佳职业时装模特
罗彬

摄影
studio Yao—张尧

服装
WHITE COLLAR

2013 年度十佳职业时装模特
王旭、王翠霞、李蔚诺、伍倩、毛溦、程怡嘉、王慧、张晗、曾梓玲、邵[illegible]

摄影
studio Yao—张尧

服装
WHITE COLLAR

2013 年度十佳职业时装模特
女模：王旭、王翠霞、李蔚语、伍倩、毛欢、程怡嘉、王慧、滕腾、曾玲玲、邢广子
男模：石拓、姚阳、李想、蔡浩、吕丕强、刘洪振、罗彬、李子峰、韩旭、海米提·巴图

2013 年度最佳职业时装模特
程怡嘉、罗彬

摄影
studio Yao—张尧

服装
WHITE COLLAR

中国时尚大奖
CHINA FASHION AWARD

2014 年度十佳职业时装模特
王雨甜、吕丕强、郝允祥、李博文、赵庆贺、黄升、王家骅、蔚方卿、姚阳、蔡浩

2014 年度最佳职业时装模特
郝允祥

摄影
air2studio—武海勇

服装
WHITE COLLAR

2014 年度十佳职业时装模特
张龄月、胡莹莹、李蔚语、王慧、武悦、王能、那广子、陈梦露、王翠霞、毛楚玉

2014 年度最佳职业时装模特
李蔚语

摄影
air2studio—武海勇

服装
WHITE COLLAR

2014 年度十佳职业时装模特
女模：张龄月、胡莹莹、李蔚语、王慧、武悦、王能、那广子、陈梦露、王翠霞、毛楚玉
男模：王雨甜、吕丕强、郝允祥、李博文、赵庆贺、黄升、王家骅、蔚方卿、姚阳、蔡浩

2014 年度最佳职业时装模特
李蔚语、郝允祥

摄影
air2studio—武海勇

服装
WHITE COLLAR

2015 年度十佳职业时装模特
蔡浩、王晨铭、王家骅、张超、李晨、姚阳、吴文祥、李博文、蔡雨峰、田野

2015 年度最佳职业时装模特
姚阳

中国时尚大奖
CHINA FASHION AWARD

摄影
55studio—华远

服装
JEFEN 吉芬

2015 年度十佳职业时装模特
宋可欣、王翠霞、那广子、王能、伍倩、张帆、李晓晨、月弯弯、雷淑涵、张瑜

2015 年度最佳职业时装模特
伍倩

摄影
55studio—华远
服装
JEFEN 吉芬

2016 年度十佳职业时装模特
孟繁煜、张中煜、林斌、史启帆、朱磊、宋明皓、倪浩、蔡浩、王弘宇、邓俊伟

2016 年度最佳职业时装模特
史启帆

摄影
谷仓机构一谷子

服装
ELLASSAY 歌力思

2016 年度十佳职业时装模特
王海儿、霍佳琳、周爽、孙一超、王一、于宛[illegible]、曾玲玲、何景宜、董蕾、王能

2016 年度最佳职业时装模特
曾玲玲

摄影
谷仓机构—谷子

服装
ELLASSAY 歌力思

中国时尚大奖
CHINA FASHION AWARD

中国时尚大奖

历届年度最佳职业时装模特

“中国时尚大奖”自1997年创办，是由中国服装设计师协会和中国国际时装周组委会联合推出的年度奖项，旨在表彰为时装及时尚业发展做出突出贡献的时尚人物和知名品牌。

“中国时尚大奖-----年度最佳职业时装模特”是职业时装模特行业的最高奖项，众多优秀时装模特为中国时尚业发展做出了突出的贡献，同时也记录和见证了我国时装模特的职业化历程。一大批优秀职业时装模特通过这个奖项得到了行业内外的充分肯定，同时也为模特自身价值及公众影响力的提升，起到了不可估量的促进作用。

至2016年11月，“中国时尚大奖-----年度最佳职业时装模特”评选19届，已评选出16位最佳女模特和13位最佳男模特，“中国十佳职业时装模特”评选已产生116位十佳女模特（含16位最佳女模特）和48位十佳男模特（含13位最佳男模特）。历届最佳和十佳男女模特总计164位。他们是行业的旗帜和榜样，他们耀眼的光芒，更是众多模特新人仰望和学习的楷模。

中国时尚大奖

历届年度最佳职业时装模特名单

第一届中国时装文化奖——1998年度最佳职业时装模特 马艳丽

第二届中国时装文化奖——1999年度最佳职业时装模特 马艳丽

第三届中国时装文化奖——2000年度最佳职业时装模特 姜培琳

第四届中国时装文化奖——2001年度最佳职业时装模特 姜培琳

第五届中国时装文化奖——2002年度最佳职业时装模特 王 敏

中国时尚大奖——2003年度最佳职业时装模特 王 敏

中国时尚大奖——2004年度最佳职业时装模特 韦 杰、胡 兵

中国时尚大奖——2005年度最佳职业时装模特 戴小奕、程 峻

中国时尚大奖——2006年度最佳职业时装模特 莫万丹、张信哲

中国时尚大奖——2007年度最佳职业时装模特 边彦阳、康俊龙

中国时尚大奖——2008年度最佳职业时装模特 刘 多、孟 飞

中国时尚大奖——2009年度最佳职业时装模特 单靖雅、王晖越

中国时尚大奖——2010年度最佳职业时装模特 王诗文、赵 磊

中国时尚大奖——2011年度最佳职业时装模特 马 青、马浩然

中国时尚大奖——2012年度最佳职业时装模特 刘彤彤、傅正刚

中国时尚大奖——2013年度最佳职业时装模特 程怡嘉、罗 彬

中国时尚大奖——2014年度最佳职业时装模特 李蔚语、郝允祥

中国时尚大奖——2015年度最佳职业时装模特 伍 倩、姚 阳

中国时尚大奖——2016年度最佳职业时装模特 曾玲玲、史启帆

中国国际时装周十周年十大职业名模（2007年7月29日中国国际时装周十年庆典）

马艳丽、陈娟红、郭 桦、王 敏、姜培琳、于 娜、韦 杰、杜 鹃、戴小奕、莫万丹

马艳丽　姜培琳

王敏　韦杰

戴小奕

程峻

莫万丹

张信哲

边彦阳

康俊龙

刘多

孟飞

单静雅

王晖越

王诗文

赵磊

马青

马浩然

刘彤彤

傅正刚

罗彬

程怡嘉

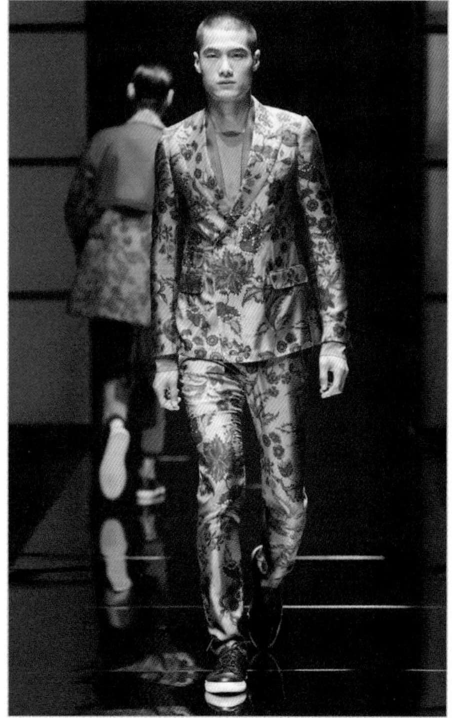

郝允翔

李蔚语

姚阳

伍倩

史启帆

曾玲玲

中国国际时装周十周年十大职业名模（2007 年 7 月 29 日中国国际时装周十年庆典）
马艳丽、陈娟红、郭　桦、王　敏、姜培琳、于　娜、韦　杰、杜　鹃、戴小奕、莫万丹

利郎·计文波作品

PROFESSIONAL MODELS
职业模特

北京服装学院

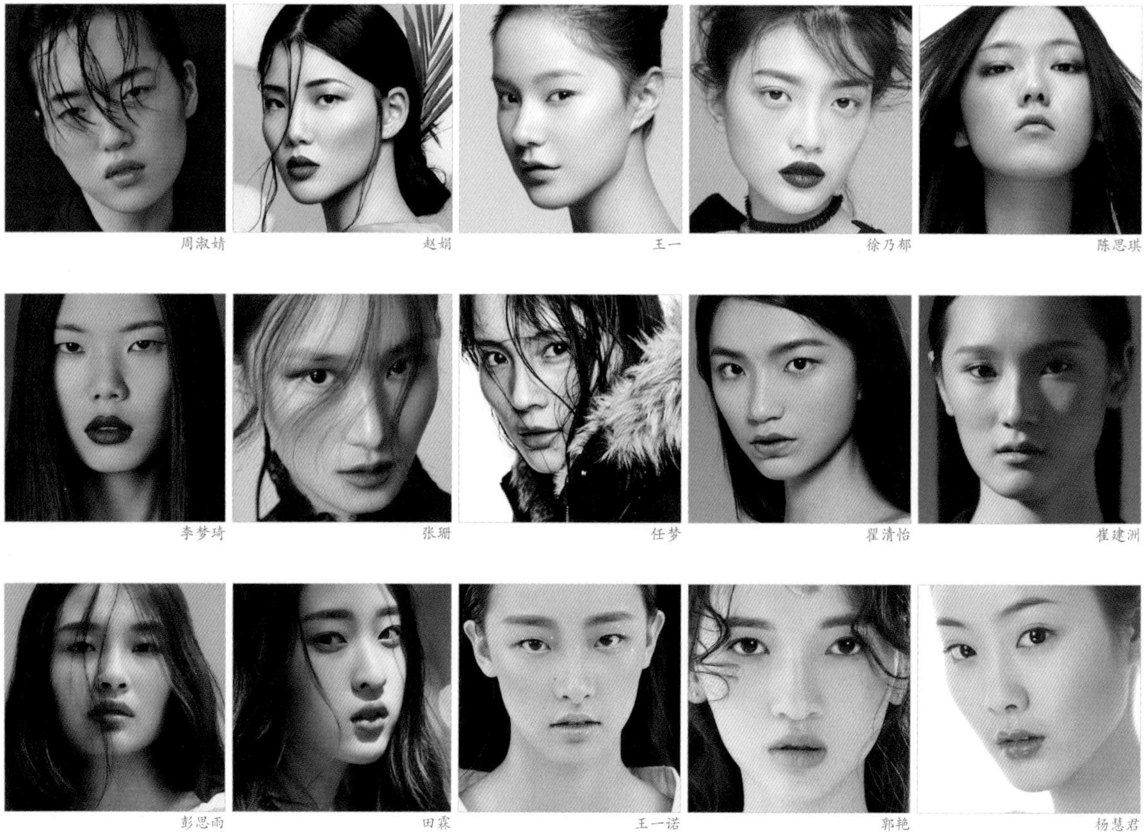

周淑婧 赵娟 王一 徐乃郁 陈思琪

李梦琦 张珊 任梦 瞿清怡 崔建洲

彭思雨 田霖 王一诺 郭艳 杨慧君

张晴雪 赵慧多 侯甜甜 钟雨捷 田璐瑶

谈淑瑶 岳涵 王雨 李凤玲 朱晗嫣

倪浩 武原弘 郑旭琛 卜凡凡 徐子超

北京东方宾利文化传媒有限公司

莫万丹 周韦彤 戴小奕 单靖雅 王诗文

刘彤彤 程怡嘉 李蔚语 伍倩 曾玲玲

米露 李昕岳 周欢 张龄月 毛楚玉

胡楠 雷淑涵 霍佳琳 王一 魏小涵

欧阳静 梁向清 陈思琪 耿璇 吴皖凌

高彤	任梦	田霖	崔晨晨	马熠晗
李子娴	赵俊莉	刘春杰	毛怡月	高智洋
康俊龙	王晖越	马浩然	罗彬	史启帆
王晨铭	王弘宇	张中煜	李雨峰	凯文
蔡浩	巴图	黄升	田野	李明
王皓东	周旷男	赵阳	凌智	姬勇

龙腾精英国际模特经纪（北京）有限公司

李丹妮　王新宇　董悦宁　吴佳烨　张静

赵家彤　王梦雅　滕腾　周淑婧　袁博超

李小瑶　张帆　梁琼　杨孟洹　毕婧

陈虹锦　武悦　孙一超　沈丽娟　江静娜

邵晴　姜房磊　马子瞻　白玉洁　赵艳

许靖　陈玉婷　赵磊　傅正刚　刘畅

南伏龙　杜诗博　杨宏　李想　赵庆贺

李晨　蔚方卿　吴文祥　杨英格　李进

张鸣磊　邓俊伟　张家玮　倪浩　王凯沐

朱磊　刘星宇　叶翔　蒙龙　谢承霖

北京星美时尚文化传媒有限公司

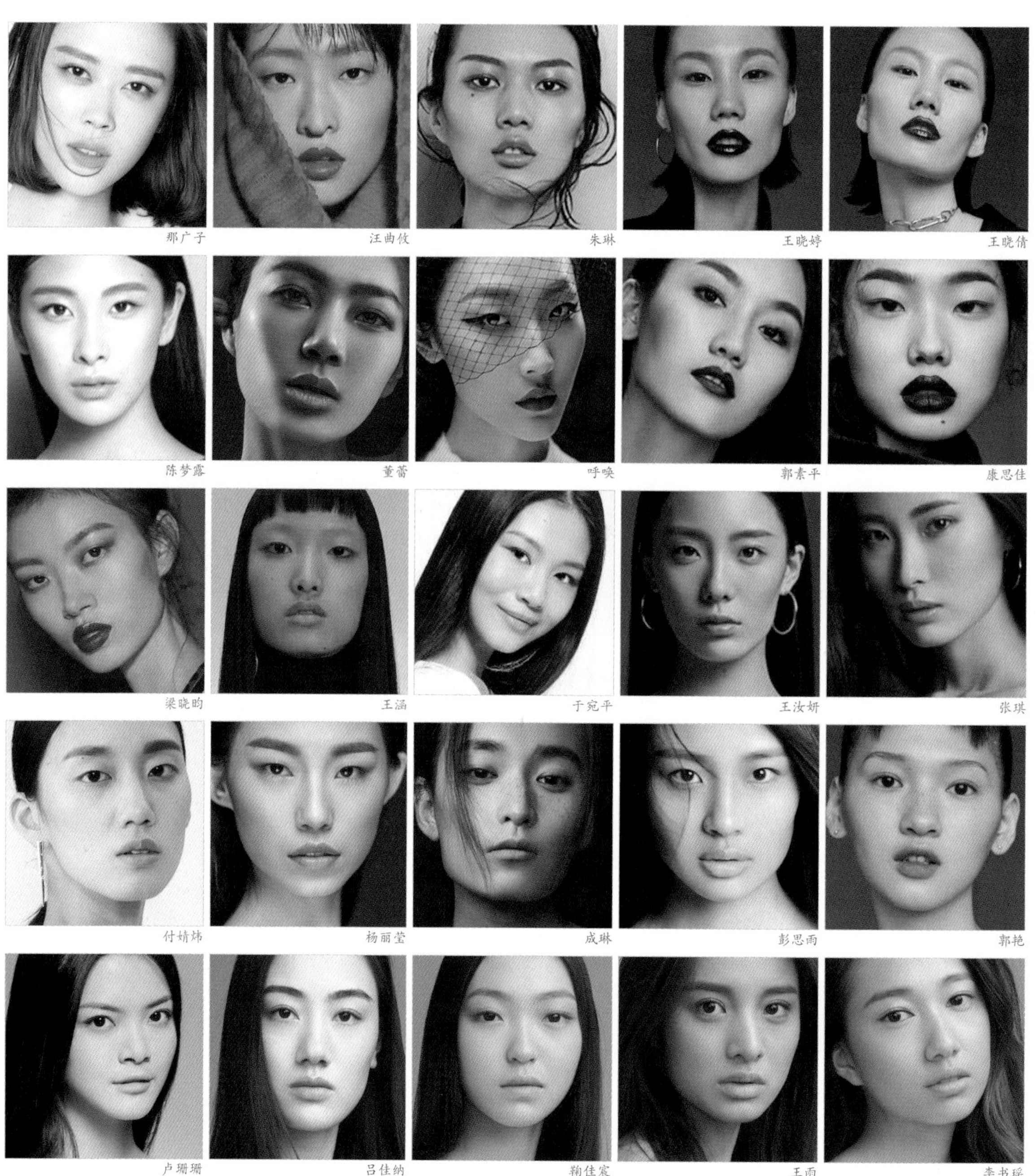

那广子　汪曲攸　朱琳　王晓婷　王晓倩

陈梦露　董蕾　呼唤　郭素平　康思佳

梁晓昀　王涵　于宛平　王汝妍　张琪

付婧炜　杨丽莹　成琳　彭思雨　郭艳

卢珊珊　吕佳纳　鞠佳宸　王雨　李书瑶

王晨 戴妮娜 蒋萌 高宇航 王琳

王小妮 张爱硕 姚阳 蔡雨峰 林斌

孙远宁 张煜华 王天 李泊文 李兆涵

刘治成 王继远 张恒瑞 周孝龙 姜孝严

刘东豪 刘林国 洪浩 韩志勋 谢全

北京天星君创文化传播有限公司

王潇

孔令令 　潘燕 　夏敏洁 　王倩倩 　张鑫

张英茜 　王璐 　李玮婷 　王海儿 　刘婀楠

王馨悦 　杨子贤 　张雯 　顾艾嘉 　肖瑶

王岚 　白云洁 　曾雨嘉 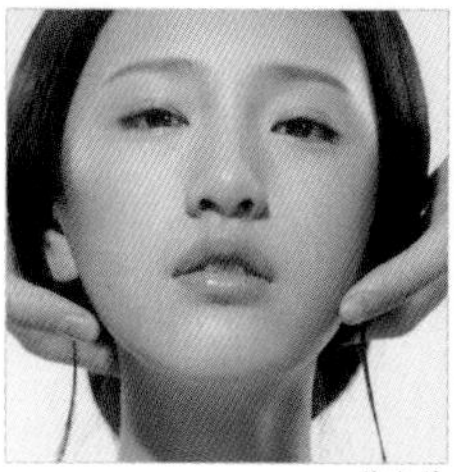　葛晓慧 　姜韵轩

韩红盼 　杨璐溪 　杨晶莹 　李亚男 　汤荣婷

王琦　崔雅婕　崔雅娟　钟雨捷　朱雅娜

林雨萱　郝允祥　金大川　纪凌尘　毛元勋

王飞　张志远　许伯朗　王雨甜　司永岩

宋明浩　张国祥　范文辉　张鑫　林哲坤

张泽龙　武原弘　胡锦阳　陈奕汐　李振洋

孟震　孙克杰　李各　叶周　张磊

北京时尚线路国际模特文化发展有限公司

王能 张梦晴 齐雪姿 杜星 张晓霞

郑晓旭 姜贝贝 武文婕 常佳悦 赵雅茹

赵梓伊 杨秋实 唐倩慧 王俊子 张伊宁

战丝雨　张尔馨　艾克达　滕春阳　岑琳博

戚敬茹　张芯竹　程梦蕊　吴美佳　狄潘岭

宫宇航　王晟嘉　吴哿美　项阳　穆怀佳

上海火石文化经纪有限公司

裴蓓　高国芝　张瑜　何若阳

王一慧　马慧慧　庞然一秀　宋夏

马晓辰　宋静远　赵慧多　何欣芸

郑西妮　李韵涵　王鑫子　郭姝琪

王朱筱寅　李振　吕丕强　胥添麒

刘浩　孟繁煜　李宗鑫　方佳平

刘阳林　张炎　张子轩　尚宏庆

王斐然　王斌　王子　何涛

上海英模文化发展有限公司

刘旭　叶子　黄峥　高莹　任慧

王一帆　曾雨渡　彦禹博　曹紫薇　吴月

刘欣洁　付欢欢　姚雪飞　董奕杭　安琪

高明遥　王艺　李晨林　乌日晗　王旭

钟鹿纯　君砚　蒋瑞琪　康雅馨　安乐

连凌丽 欧阳文君 张昊玥 郑鑫 孙妍

张婉莹 寇拉 高雨璇 王一诺 梁思雨

李珍颖 严越 严恺文 冯翔 Hale

冯子豪 周志平 Stefan Jin 冷川南 丁亚伟

张翔 沈典 黄达人 安子杨 李昊谌

力摄

CELEBRATED AGENCIES
知名机构

一.专业发展

专业成立于1993年，现在校模特达200余人。经过二十余年的发展，逐渐完善教学体系，不断提高教学水平，形成专业特色。目前已培养出600余位表演专业人才活跃在国内外模特行业。北京服装学院现为中国模特职业委员会主任委员单位。先后培养出中国时尚大奖年度首席模特孟飞、单靖雅、马浩然、李蔚语，中国十佳职业时装模特赵晨池、蔡浩、那广子、米露、王旭、李博文、陈梦露、王一、倪浩宋明皓、孙一超等，国际名模薛冬琪、金大川、周淑婧、朱琳琳等。北服表演专业模特在历年国内外权威专业赛事中屡获佳绩。

二.专业培养

目前我校表演专业下设三个专业方向：服装表演、广告传播、服装表演与时尚编导。培养大量经过专业系统教育与实践的服装模特、时尚编导、模特经纪管理、表演专业教育、整体造型设计及服装市场营销的高素质专业人才。

三.演出实践

重视学生实践教学内容，以培养高素质的模特为主要目的。参与国家级重大活动如2008年奥运会、2014年APEC会场服务等工作，为国内外各大时装周及时尚品牌活动提供专业模特。

四.校企合作

与各大服装企业及模特经纪公司积极开展实践合作，并建立模特签约机制、联动培养模式，开拓更专业的实践渠道，共同致力于模特的推广和发展。

China Bentley

Culture & Media Co., Ltd.

东方宾利文化传媒在中国大陆拥有专业企划、执行和时尚媒介推广资源；拥有名模资源，是中国新时尚文化的缔造者。公司成立于2003年5月，下设企划部、制作部、大赛部、国际部、模特部、演艺部、培训部、新媒体部、行政部等机构，是一家综合性的大型时尚文化集团。主要业务由四部分组成：大型活动企划制作、国际文化交流合作、模特经纪和推广、媒体宣传与合作。

2016年6月，东方宾利与耀莱影城、耀莱影视、都玩网络，共同组成北京文投控股股份有限公司（股票代码：600715，简称“文投控股”），成为北京市文化投资发展集团下属文化类上市公司。

東方賓利文化傳媒有限公司
China Bentley Culture & Media Co., Ltd.
中国模特之星大赛
China Model Star Contest
中国职业模特大赛
China Professional Model Contest
中国超级模特大赛
China Super Model Contest
亚洲超级模特大赛
Asian Super Model Contest
“美少女”中国模特选拔大赛
Charming Girl China Model Contest
中国内衣模特大赛
China Underwear Model Contest
中国名模盛典
China Supermodel Ceremony
北京东方宾利文化传媒有限公司 China Bentley Culture & Media Co. , Ltd.
地址：中国·北京市朝阳区新东路幸福二村40号耀莱中心B座5层 邮编：100027 电话 86-10-84894700/4701
传真：86-10-65188621 电子邮箱：chinamodels@chinabentley.com 网址：http://www.chinamodels.com.cn
Add: 5F Tower B, Sparkle Roll Center, No.40 Xingfu Second Village, Xindong Road, Chaoyang District, Beijing Postcode: 100027
Tel: 86-10-84894700/4701 Fax: 86-10-65188621 E-mail: chinamodels@chinabentley.com http://www.chinamodels.com.cn

LONGTENG MODELS

企业介绍 COMPANIES TO INTRODUCE

/ 中国最大的模特经纪公司之一

在约模特400多个
北上广三家公司
合作品牌达千个
全媒体合作
网络媒体
时尚杂志媒体
四大国际时装周中国模特走秀场次最多

业务范围 THE BUSNESS SCOPPE

/ 国内模特经纪

媒体形象拍摄
时装商业演出
出席时尚活动
广告商务拍摄
电商拍摄
国内品牌商业合作

/ 国际模特经纪

国内名模打造成为国际超模
国际超模的直调
品牌的国际商业合作

龙腾精英大赛

新星模特的挖掘
商业品牌的合作
媒体的强力宣传

龙腾大赛官方微信

龙腾精英官方微信

LONGTENG/龙腾精英

中国·廊坊职业模特大赛

CHINA LANGFANG PROFESSIONAL MODEL CONTEST

LANG FANG

礼服表演

活力秀

海军风泳装表演开场

德比文化传媒作为中国服装设计师协会职业时装模特委员会委员单位，拥有举办模特大赛的行业资格及丰富经验。中国·廊坊职业模特大赛是由德比文化传媒有限公司打造的职业模特专业性赛事。赛事得到廊坊市广播电视台、廊坊日报社、廊坊市广阳区文化体育局的全力支持。

中国·廊坊职业模特大赛的宗旨是为了开发京津冀模特资源，选拔模特新秀，为职业模特行业输送优秀人才，为时尚廊坊做出贡献。

优秀选手将有机会参加东方宾利文化传媒有限公司举办的各类中国顶尖模特大赛，开展个人模特事业或演艺道路。

大赛T台组冠军将获得15万元现金奖励，亚军3万元，季军1万元，单项奖3000元，十佳模特1000元。大赛平面影视组设五项单项奖：最佳上镜奖、最佳形象奖、最佳表演奖、最佳风采奖、最具商业价值奖，以上奖项分别获得3000元现金奖励。

海军风泳装表演

颁奖典礼大合影

青岛东方丽人模特艺术培训学校

ORIENTAL BEAUTY

青岛 · 黄岛 · 潍坊 · 淄博 · 济南 · 威海 · 烟台 · 临淄 · 滨州 · 菏泽 · 泰安 · 邹城 · 东营 · 枣庄 · 临沂 · 聊城 · 邯郸 · 太原 · 兖州 · 日照

THE 17th 东方丽人模特空乘特训营

ORIENTAL BEAUTY

暨　东方丽人模特空乘大赛

SH/+86 21- 62785895 BJ/+86 10-8571169
E-mail/booking@paras.com.cn
Home Page/www.paras.com.cn
Numéro HOMME
BOYS BY GIRLS
双基因时代
DOLCE & GABB
#NAPOLI
PAraS

LINLONG
FASHION PROMOTION
麟 龙 传 媒
中亚西域 | 丝绸之路
推动引领西部模特时尚行业发展数十载
中国服装设计师协会职业模特委员会 · 执行委员单位
项目策划执行|产业促进推广|国际文化交流|职业培训教育|会展舞美制作|中外模特经纪
新疆麟龙文化传媒有限公司
联系电话：+86-991-5801200 13369686097 13999186770
邮箱：1767716862@qq.com 网址：www.linlong.cc 邮编：831000
地址：中国·新疆·乌鲁木齐·沿河路水清木华·丽都国际3-1902
LinLong XinJiang Culture Media Co. Ltd.
Tel:+86-991-5801200 13369686097 13999186770
E-mail:1767716862@qq.com Web:www.linlong.cc P.C:831000
Add:3-1902 Lido Int'l Shuiqingmuhua,Yanhe Road,Urumqi,Xinjiang,China
服装设计：陶楼兰 模特提供：麟龙传媒

附录
APPENDIX

中国服装设计师协会职业时装模特委员会简介

中国服装设计师协会职业时装模特委员会（以下简称“模特委员会”）经民政部批准于2000年6月16日在北京成立，是中国服装设计师协会的组成机构之一，是由中国从事模特经纪与管理、教育与培训、时尚及演出制作等优秀专业机构组成的全国性专业团体。主要职责是制定职业模特专业等级标准；维护模特市场秩序和公平竞争；开展国内外模特业界的交流与合作；承办中国服装设计师协会举办的模特赛事；选拔、培养模特新人，为成员单位提供有关中介服务。模特委员会为成员单位提供人才选拔和推介服务主要通过每年一次的两个公开赛：一个是“职业赛”，即中国职业模特大赛；一个是“星赛”，即中国模特之星大赛。

“职业赛”主要是组织模特委员会各经纪公司从院校模特专业在校生中选拔职业模特，以充实各经纪公司的模特队伍；而“星赛”则是由模特委员会各经纪公司面向社会选拔人才，帮助各成员单位推出模特新秀。

“职业赛”的获胜者由模特委员会推介到各成员单位签约，并将在中国服装设计师协会主办、参与主办的各项活动中予以重点推广；“星赛”的获胜者将由各自的推选单位进行培训、推广，模特委员会对其登记备案，并与“职业赛”获胜者一道参加各类专业活动。

模特委员会多年操作的项目有：中国时尚大奖----年度最佳职业时装模特评选(1998年创办)、中国模特之星大赛(1995年创办)、中国职业模特大赛(2000年创办)、美少女中国模特大赛（2003年创办）、中国国际时装周彩妆造型设计大赛(2005年创办)、中国超级模特大赛（2006年创办）、中国模特爱心行动（2008年创办）、中国模特演艺大会(2010年创办)……

中国服装设计师协会职业时装模特委员会条例

中国服装设计师协会职业时装模特委员会（以下简称“模特委员会”）是由中国从事模特经纪与管理、教育与培训、时尚及演出制作等优秀专业机构组成的全国性专业团体。

一、模特委员会职责

1. 制定职业模特专业等级标准。
2. 维护模特市场秩序和公平竞争。
3. 开展国内外模特业界的交流与合作。
4. 承办中国服装设计师协会举办的模特赛事。

二、模特委员会组成

1. 模特委员会由委员、执行委员、主任委员、荣誉委员和总干事组成。
2. 委员由委员单位推选的负责人和模特代表担任，委员更换由委员单位书面申请并报中国服装设计师协会备案。
3. 执行委员由执行委员单位推选的委员担任，主任委员由主任委员单位推选的委员担任，总干事由中国服装设计师协会主席办公会议任命。
4. 荣誉委员由中国服装设计师协会从中国时尚大奖年度最佳职业时装模特和为模特及时尚产业做出突出贡献的业界知名人士中提名推选。
5. 模特委员会日常工作由总干事处理，重大事项由总干事提请主任委员会或执行委员会研究决定。
6. 模特委员会的设立、合并或撤销由中国服装设计师协会理事会决定。

三、委员单位

1. 经申请由中国服装设计师协会主席办公会议批准的优秀专业机构成为模特委员会委员单位，执行委员单位由全体委员从委员单位中推选，主任委员单位由全体委员从执行委员单位中推选。
2. 模特委员会委员单位增补、撤销由秘书处依照《中国服装设计师协会会员条例》，提请中国服装设计师协会主席办公会议批准。
3. 模特委员会委员单位有权参与中国服装设计师协会组织的相关专业活动，并具备承办模特专业赛事资格。

四、委员、荣誉委员条件

1. 职业模特、模特经纪人、模特导师、时尚编导或时尚业界知名人士。
2. 遵守中国服装设计师协会章程，履行模特委员会职责。
3. 具有良好的专业素养和职业道德。

中国服装设计师协会时装职业模特委员会

第一届委员名单(2000年6月16日成立大会通过)

一、顾问

张谓源 男 中国服装设计师协会副主席
中国纺织大学服装学院院长
博士生导师

二、艺术总监

陈逸飞 男 著名艺术家
上海逸飞集团董事长

三、名誉主任

李小白 男 新丝路模特经纪公司董事长

四、总干事

姚　戈 男 中国服装设计师协会副秘书长

五、主任委员

汪桂花 女 新丝路模特经纪公司
张　舰 男 北京概念久芭模特管理有限公司
陈娟红 女 北京概念久芭模特管理有限公司
罗培菁 女 上海东亚模特经纪公司
马艳丽 女 新丝路模特经纪公司
杨　军 男 青岛市模特协会东方丽人模特学校

六、执行委员

汪桂花 女 新丝路模特经纪公司
张　舰 男 北京概念久芭模特管理有限公司
罗培菁 女 上海东亚模特经纪公司
武玉苹 女 辽宁北方模特经纪公司
秦晓明 男 天津新丝路模特经纪公司
陈娟红 女 北京概念久芭模特管理有限公司
马艳丽 女 新丝路模特经纪公司
陈　俊 男 北京概念久芭模特管理有限公司
郭　桦 女 北京概念久芭模特管理有限公司
谢东娜 女 新丝路模特经纪公司
胡　东 男 北京概念久芭模特管理有限公司
周　军 女 北京世纪元素模特经纪公司签约模特
岳　梅 女 新丝路模特经纪公司
包海青 女 新丝路模特经纪公司
雷　利 男 新丝路模特经纪公司

七、执行委员单位

新丝路模特经纪公司
北京概念久芭模特管理有限公司
上海东亚模特经纪有限公司
辽宁北方模特经纪有限公司
天津新丝路模特有限公司
青岛市模特协会东方丽人模特艺校

八、委员单位

北京东方神韵时装展览展示中心
北京服装学院服装表演系
北京安之杰--蝶彩模特有限公司
北京索乐演艺顾问有限公司
北京丰景文化发展有限公司
北京市六十一中学
上海逸飞新丝路模特文化有限公司
上海时装股份有限公司模特经纪公司
上海服装集团服装表演艺术团
天津明星模特发展中心
大连模特艺术学校
大连海连天模特有限公司(原红蜻蜓)
沈阳金之路模特经纪有限公司
沈阳辛迪模特艺术有限公司
哈尔滨市模特协会
吉林工业美术学校
吉林铭阳时装模特培训中心
武汉丽颖模特公司
湖北省时装模特协会
山西风雨潮模特广告策划公司
山西梦霓时装艺术公司
山西太原贵都模特影视文化有限公司
全国妇联金芙子服饰艺术团

中国服装设计师协会职业时装模特委员会

第二届委员名单(2002年7月25日第二次全体会议通过)

一、艺术总监

陈逸飞 男 上海逸飞集团董事长

二、名誉主任

李小白 男 新丝路模特经纪公司董事长

三、主任

张渭源 男 中国服装设计师协会副主席

四、副主任

姚　戈 男 中国服装设计师协会副秘书长
职业时装模特委员会总干事

五、主任委员

马艳丽 女 新丝路模特经纪有限公司签约模特
汪桂花 女 新丝路模特经纪有限公司常务副总经理
杨　军 男 青岛东方丽人模特艺术培训学校校长
张　巍 男 北京世纪元素模特经纪有限公司副总经理
姜培琳 女 新丝路模特经纪有限公司签约模特
宋美英 女 上海逸飞模特经纪有限公司总经理
张雪村 女 上海东亚模特儿经纪有限公司董事长
赵　东 男 辽宁北方模特经纪有限公司董事长
岳　梅 女 新丝路模特经纪有限公司签约模特
李　军 男 大连海连天服饰设计展演中心艺术总监
范垂第 女 哈尔滨市模特协会副主席兼秘书长

六、执行委员

王　敏 女 新丝路模特经纪有限公司签约模特
王　燕 女 新丝路模特经纪有限公司签约模特
兰　昕 女 青岛东方丽人模特艺术培训学校签约模特
孙东海 男 青岛东方丽人模特艺术培训学校签约模特
刘秀萍 女 上海东亚模特儿经纪有限公司签约模特
李　娟 女 新丝路模特经纪有限公司签约模特
李大明 男 沈阳金之路模特经纪有限公司经理
周　军 女 北京世纪元素模特经纪有限公司签约模特
周　迎 女 北京希肯国际模特有限公司演出总监
范　伦 女 青岛东方丽人模特艺术培训学校签约模特
张　玲 女 哈尔滨市模特协会签约模特
周双健 男 新丝路模特经纪有限公司签约模特
赵　丹 女 沈阳金之路模特经纪有限公司签约模特
段伯勋 男 辽宁北方模特经纪有限公司签约模特
高　原 女 辽宁北方模特经纪有限公司签约模特
郝丽娜 女 大连海连天服饰设计展演中心签约模特
唐雪萍 女 上海逸飞模特经纪有限公司签约模特
倪景阳 女 上海东亚模特儿经纪有限公司签约模特
郭　菲 女 北京希肯国际模特有限公司签约模特
雷　利 男 新丝路模特经纪有限公司签约模特
赫　帆 女 辽宁北方模特经纪有限公司签约模特

七、执行委员单位

新丝路模特经纪有限公司
上海东亚模特经纪有限公司
青岛东方丽人模特艺术培训学校
上海逸飞模特经纪有限公司
哈尔滨市模特协会
辽宁北方模特经纪有限公司
北京世纪元素模特经纪有限公司
大连海连天服饰设计展演中心
沈阳金之路模特经纪有限公司
北京希肯国际模特有限公司

八、委员单位

天津新丝路模特有限公司
北京云之秀模特文化发展有限公司
北京服装学院
北京索乐演艺顾问有限公司
北京市六十一中学
上海时装股份有限公司模特经纪公司
上海服装（集团）服装表演艺术团
天津明星模特发展中心
大连模特艺术学校
沈阳辛迪模特艺术有限公司
东北电力学院艺术学院
吉林市铭阳模特经纪公司
武汉丽颖模特广告有限公司
山西梦霓时装艺术公司
太原贵都模特影视文化有限公司
内蒙古狄安娜模特经纪有限公司
上海中纺模特经纪有限公司
南京尼雅模特经纪有限公司
南京风采模特经纪有限公司
长春艾迪凯森艺术发展有限公司
山东慧可文化传播有限公司
四川新视典模特文化有限公司
河南省中原国际文化公司
江苏徐州模特艺术学校
北京新亮点华夏模特经纪有限公司
哈尔滨新丝路职业模特培训学校
北京华视火焰影视广告有限公司
新派一族北京模特中心
上海霖杰文化发展有限公司
河南梦都模特有限公司
安徽省青年模特协会
海南新思维模特有限公司
昆明天梯文化艺术策划有限公司
吉林雅之苑服装展示艺术有限公司
新疆新丝路模特经纪有限公司
广州美狄亚文化传播有限公司
西安时尚模特艺术培训学校
沈阳蔓铃文化艺术策划有限公司
北京三奇北方模特文化艺术交流中心
河南省模特艺术研究协会
北京东方佳人文化交流有限公司
大连踪珂男模文化有限公司
秦皇岛市昊德文化传播有限公司
杭州跨世纪模特影视演员经纪有限公司
合肥市青桦模特经纪有限公司
中国企业文化促进会启明模特艺术团
北京汉唐经典文化艺术中心模特艺术团
广东漫姿莎华模特演艺制作有限公司
淄博凯莱希模特职业技能培训学校
厦门霓裳文化传播有限公司

中国服装设计师协会职业时装模特委员会

第三届委员名单（2004年7月26日第三次全体会议通过）

一、艺术顾问

陈逸飞 男 逸飞集团总裁

二、名誉主任

李小白 男 新丝路模特经纪有限公司总裁

三、总干事

张 延 女 中国服装设计师协会副秘书长

四、主任委员

汪桂花 女 新丝路模特经纪有限公司副总裁

张 舰 男 北京概念久芭模特经纪有限公司艺术总监

姚 戈 男 北京东方宾利文化发展中心董事长

姜培琳 女 北京紫色传奇文化发展有限公司董事长

鲁 敏 女 上海逸飞模特经纪有限公司业务总监

杨 军 男 青岛东方丽人模特艺术培训学校校长

谷瀚舟 男 上海东亚模特经纪有限公司经纪人

五、荣誉委员

马艳丽 女 1998、1999年度中国最佳职业时装模特

王 敏 女 2002、2003年度中国最佳职业时装模特

六、执行委员

王 俊 女 大连轻工业学院职业技术学院模特

王 满 女 南京尼雅模特经纪有限公司总经理

王 聪 女 大连海歌时尚文化发展有限公司副总经理

王一鸣 男 北京一鸣模特培训中心总经理

王亦群 女 东华大学上海中纺模特经纪有限公司艺术总监

王华英 女 香港专业国际模特儿有限公司区域经理

马婷婷 女 内蒙古狄安娜模特经纪有限公司签约模特

刘 多 女 北京东方宾利文化发展中心签约模特

刘 颖 女 北京市第六十一中学专业主任

孙 悦 女 天津新丝路模特有限公司签约模特

孙建勤 女 中国社区艺术团副团长

何小平 女 东华大学上海中纺模特经纪有限公司经纪人

张 欣 女 沈阳辛迪模特艺术有限公司签约模特

张 威 男 内蒙古狄安娜模特经纪有限公司艺术总监

张 玲 女 哈尔滨市模特协会副主席兼秘书长

张 楠 女 青岛东方丽人模特艺术培训学校签约模特

李 军 男 大连海歌时尚文化发展有限公司艺术总监

李 婷 女 北京紫色传奇文化发展有限公司签约模特

李一蕾 女 上海东亚模特经纪有限公司签约模特

李大明 男 沈阳金之路模特经纪有限公司经理

李玮琦 女 北京服装学院服装表演系教师

李笑菲 女 沈阳金之路模特经纪有限公司签约模特

杨 勇 男 辽宁北方模特经纪有限公司签约模特

杨 柳 女 北京市第六十一中学教师

杨淑文 女 中国社区艺术团领衔模特

沈 妍 女 上海逸飞模特经纪有限公司签约模特

陈娟红 女 北京概念久芭模特经纪有限公司董事长

周 迎 女 北京希肯国际模特经纪有限公司执行总监

周双健 男 新丝路模特经纪有限公司签约模特

范垂第 女 哈尔滨市模特协会副主席

赵 东 男 辽宁北方模特经纪有限公司董事长

徐荣华 女 南京尼雅模特经纪有限公司签约模特

秦晓伟 男 天津新丝路模特有限公司经理

高晓飞 女 北京希肯国际模特经纪有限公司签约模特

黄 敏 女 沈阳辛迪模特艺术有限公司总经理

黄洪源 男 北京服装学院服装表演系教师

韩 雪 女 大连轻工业学院职业技术学院教师

七、主任委员单位

新丝路模特经纪有限公司

北京概念久芭模特经纪有限公司

北京东方宾利文化发展中心

北京紫色传奇文化发展有限公司

上海逸飞模特经纪有限公司

青岛东方丽人模特艺术培训学校

上海东亚模特经纪有限公司

八、执行委员单位

北京服装学院

北京一鸣模特培训中心

哈尔滨市模特协会

北京希肯国际模特有限公司

辽宁北方模特经纪有限公司

大连海歌时尚文化发展有限公司

北京市第六十一中学

东华大学上海中纺模特经纪有限公司

南京尼雅模特经纪有限公司

天津新丝路模特有限公司

大连轻工业学院职业技术学院

沈阳金之路模特经纪有限公司

沈阳辛迪模特艺术有限公司

中国社区艺术团

香港专业国际模特儿有限公司

内蒙古狄安娜模特经纪有限公司

九、委员单位

北京世纪元素模特经纪有限公司

北京云之秀模特文化发展有限公司

北京索乐演艺顾问有限公司

上海服装集团有限公司模特经纪公司

天津明星模特发展中心

东北电力学院艺术学院

吉林市铭阳模特经纪公司

武汉丽颖模特广告有限公司

南京风采模特经纪有限公司

长春艾迪凯森艺术发展有限公司

山东慧可文化传播有限公司

四川新视典模特文化有限公司

河南省中原国际文化公司

江苏徐州模特艺术学校

北京新亮点华夏模特经纪有限公司

哈尔滨新丝路职业模特培训学校

新派一族北京模特中心

河南魅力东方模特经纪有限公司

安徽省青年模特协会

海南新思维模特有限公司

昆明天梯文化艺术策划有限公司

吉林雅之苑服装展示艺术有限公司

新疆新丝路模特经纪有限公司

西安时尚模特艺术培训学校

沈阳蔓铃文化艺术策划有限公司

北京三奇北方模特文化艺术交流中心

河南省模特艺术研究协会

大连珠珂男模文化有限公司

杭州跨世纪模特影视演员经纪有限公司

安徽省青桦模特经纪有限公司

广东漫姿莎华模特演艺制作有限公司

淄博凯莱希模特职业技能培训学校

厦门霓裳文化传播有限公司

新疆世纪麟龙文化发展有限公司

上海火石文化经纪有限公司

湖北美术学院

江南大学纺织服装学院

湖南世纪风模特经纪有限公司

天津工业大学艺术设计学院

青岛东方丽人模特艺校潍坊分校

北京基业天星时尚文化传播有限公司

龙腾精英国际模特经纪（北京）有限公司

福州阳光丽人文化传播有限公司

北京依儿衫文化经纪有限公司

湖南省湘潭市模特艺术协会

包头卡丹模特艺术培训学校

黑龙江省服装鞋帽行业协会模特专业委员会

江西服装职业技术学院

抚顺卓姿模特艺术管理有限公司

山西风雨潮模特艺术学校

青岛东方丽人模特艺校济南分校

重庆大正模特艺术有限公司

中国服装设计师协会职业时装模特委员会

第四届委员名单（2006 年 8 月 8 日第四次全体会议通过）

一、总干事

张　廷　女　中国服装设计师协会副秘书长

二、主任委员

张　舰　男　北京概念久芭模特经纪有限公司艺术总监
汪桂花　女　新丝路模特经纪有限公司副总裁
姚　戈　男　北京东方宾利文化发展中心董事长
杨　军　男　青岛东方丽人模特艺术培训学校校长
姜培琳　女　北京紫色传奇文化发展有限公司董事长
李　军　男　大连轻工业学院职业技术学院系主任
黄洪源　男　北京服装学院服装表演系副主任
陈　翔　男　四川新视典模特文化有限公司总经理
赵　东　男　辽宁北方模特经纪有限公司董事长
杨洪清　男　大连跊珂男模文化有限公司董事长

三、荣誉委员

马艳丽　女　1998、1999 年度中国最佳职业时装模特
王　敏　女　2002、2003 年度中国最佳职业时装模特
胡　兵　男　2004 年度中国最佳职业时装模特
韦　杰　女　2004 年度中国最佳职业时装模特
程　峻　男　2005 年度中国最佳职业时装模特
戴小奕　女　2005 年度中国最佳职业时装模特

四、执行委员

周　迎　女　北京希肯国际模特经纪有限公司执行总监
方　华　女　上海火石文化经纪有限公司总经理
李书昆　男　哈尔滨新丝路职业模特培训学校校长
金向东　男　山东慧可文化传播有限公司总经理
梅　权　女　上海逸飞模特经纪有限公司业务总监
解洪群　男　沈阳辛迪模特艺术有限公司董事长
刘　颖　女　北京市第六十一中学专业主任
范垂第　女　哈尔滨市模特协会副主席
李　雷　男　北京凯莱希服装模特职业培训学校校长
李大明　男　沈阳金之路模特经纪有限公司经理
王　满　女　南京尼雅模特经纪有限公司总经理
丁　峻　男　广东漫姿莎华模特演艺制作有限公司董事长
李　静　女　北京理想境界文化发展有限公司总经理
吴　梦　男　河南魅力东方模特经纪有限公司总经理
王　梅　女　黑龙江省服装模特协会常务副会长

五、主任委员单位

北京概念久芭模特经纪有限公司
新丝路模特经纪有限公司
北京东方宾利文化发展中心
北京紫色传奇文化发展有限公司
青岛东方丽人模特艺术培训学校
北京服装学院
大连轻工业学院职业技术学院
四川新视典模特文化有限公司
辽宁北方模特经纪有限公司
大连跊珂男模文化有限公司

六、执行委员单位

北京希肯国际模特经纪有限公司
上海火石文化经纪有限公司
哈尔滨新丝路职业模特培训学校
山东慧可文化传播有限公司
上海逸飞模特经纪有限公司
沈阳辛迪模特艺术有限公司
北京市第六十一中学
哈尔滨市模特协会
北京凯莱希服装模特职业培训学校
沈阳金之路模特经纪有限公司
南京尼雅模特经纪有限公司
广东漫姿莎华模特演艺制作有限公司
北京理想境界文化发展有限公司
河南魅力东方模特经纪有限公司
黑龙江省服装模特协会

七、委员单位

天津新丝路模特有限公司
北京云之秀模特经纪有限公司
上海服装集团有限公司模特经纪公司
天津明星模特发展中心
东北电力大学艺术学院
吉林市铭阳模特经纪公司
武汉丽颖模特广告有限公司
北京世纪元素模特经纪有限公司
内蒙古狄安娜模特经纪有限公司
上海中纺模特经纪有限公司
南京风采模特经纪有限公司
长春艾迪凯森艺术发展有限公司
河南省中原国际文化传播有限公司
江苏模特艺术学校
北京新亮点华夏文化传播有限公司
北京一鸣模特培训中心
安徽省青年模特协会
海南新思维模特有限公司
吉林海旋飞文化传播有限公司
新疆新丝路模特经纪有限公司
西安时尚模特职业培训学校
沈阳看点文化传媒中心
北京三奇北方模特文化艺术交流中心
河南省模特艺术研究协会
杭州跨世纪模特影视演员经纪有限公司
安徽青桦模特经纪有限公司
中国社区艺术团
淄博凯莱希模特职业技能培训学校
厦门霓裳文化传播有限公司
新疆世纪麟龙文化经纪有限公司
湖北美术学院
江南大学纺织服装学院
湖南世纪风模特经纪有限公司
香港专业国际模特儿有限公司
天津工业大学艺术与服装学院
青岛东方丽人模特艺校潍坊分校
北京基业天星时尚文化传播有限公司
龙腾精英国际模特经纪（北京）有限公司
福州阳光丽人文化传播有限公司
北京依儿衫文化经纪有限公司
湘潭东方明星模特艺术职业学校
包头卡丹模特艺术培训学校
江西服装职业技术学院
抚顺卓姿模特艺术管理有限公司
山西风雨潮模特艺术学校
青岛东方丽人模特艺校济南分校
重庆大正模特艺术有限公司
广东省服装服饰行业协会模特专业委员会
厦门雅典娜模特展示企划有限公司
北京模度势文化发展有限公司
大连天姿模特艺术有限公司
威海小华模特文化传播有限公司
武汉星之路文化艺术发展有限公司
抚顺木子艺术有限公司
北京百代流芳国际模特经纪有限公司
北京时尚博源文化传播有限公司
重庆凯莱希模特影视学校
安徽芙兰德文化传播有限公司
北京希肯国际模特职业技能培训学校
南昌凯莱希模特培训学校
南京梦想模特经纪文化有限公司
河北东方星路模特经纪有限公司
广州体育学院
山东泰安天艺模特培训中心
长沙第一印象文化经纪有限公司
枣庄市模特艺术学校
大连海浪模特艺术学校
东营市模特协会
大庆冉红文化艺术传媒有限公司
大连轻工业学院服装学院
上海皓都文化传播有限公司
天津盛世阳光影视文化传播中心
北京蓝凤凰文化发展有限公司

中国服装设计师协会职业时装模特委员会

第五届委员名单（2010年7月2日第五次全体会议通过）

一、总干事

张　延　女　中国服装设计师协会副秘书长

二、主任委员

张　舰　男　北京概念久芭模特经纪有限公司艺术总监
汪桂花　女　新丝路模特经纪有限公司副总裁
肖　彬　女　北京服装学院服装表演与时尚传媒系主任
杨　军　男　青岛东方丽人模特艺术培训学校校长
周　迎　女　北京希肯国际模特经纪有限公司执行总监
陈　翔　男　四川新视典模特文化有限公司总经理
李书崑　男　哈尔滨新丝路模特培训学校校长
梁向方　男　北京东方宾利文化发展中心副总经理
赵　东　男　辽宁北方模特经纪有限公司董事长
解洪群　男　沈阳辛迪模特艺术有限公司董事长

三、荣誉委员

马艳丽　女　1998、1999年度中国最佳职业时装模特
姜培琳　女　2000、2001年度中国最佳职业时装模特
王　敏　女　2002、2003年度中国最佳职业时装模特
胡　兵　男　2004年度中国最佳职业时装模特
韦　杰　女　2004年度中国最佳职业时装模特
程　峻　男　2005年度中国最佳职业时装模特
戴小奕　女　2005年度中国最佳职业时装模特
张信哲　男　2006年度中国最佳职业时装模特
莫万丹　女　2006年度中国最佳职业时装模特
康俊龙　男　2007年度中国最佳职业时装模特
边彦阳　女　2007年度中国最佳职业时装模特
孟　飞　男　2008年度中国最佳职业时装模特
刘　多　女　2008年度中国最佳职业时装模特
王　晖　男　2009年度中国最佳职业时装模特
单静雅　女　2009年度中国最佳职业时装模特

四、执行委员

杨洪清　男　大连跞珂男模文化有限公司董事长
吴　梦　男　河南魅力东方模特经纪有限公司董事长
冯　杰　男　厦门霓裳文化传播有限公司董事长
金向东　男　山东慧可大道文化传播有限公司董事长
范　湧　男　南京梦想模特经纪文化有限公司艺术总监
陈晓玫　女　大连工业大学服装学院服装表演系主任
许言安　男　西安时尚模特职业培训学校校长
吴泊娴　女　新疆麟龙模特文化经纪有限公司董事长
田晓龙　男　龙腾精英国际模特经纪（北京）有限公司董事长
刘　畅　女　北京国际职业教育学校专业主任
丁　峻　男　广东漫姿莎华模特演艺制作有限公司董事长
于　丰　女　大连天姿模特艺术有限公司董事长
张　鄢　男　长沙第一印象文化经纪有限公司总经理
石光晨　男　北京时尚线路国际模特文化发展有限公司董事长
郑　屹　男　上海英模文化发展有限公司总经理

五、主任委员单位

北京概念久芭模特经纪有限公司
新丝路模特经纪有限公司
北京服装学院
青岛东方丽人模特艺术培训学校
北京希肯国际模特经纪有限公司
四川新视典模特文化有限公司
哈尔滨新丝路模特培训学校
北京东方宾利文化发展中心
辽宁北方模特经纪有限公司
沈阳辛迪模特艺术有限公司

六、执行委员单位

大连跞珂男模文化有限公司
河南魅力东方模特经纪有限公司
厦门霓裳文化传播有限公司
山东慧可大道文化传播有限公司
南京梦想模特经纪文化有限公司
大连工业大学服装学院
西安时尚模特职业培训学校
新疆麟龙模特文化经纪有限公司
龙腾精英国际模特经纪（北京）有限公司
北京国际职业教育学校
广东漫姿莎华模特演艺制作有限公司
大连天姿模特艺术有限公司
长沙第一印象文化经纪有限公司
北京时尚线路国际模特文化发展有限公司
上海英模文化发展有限公司

七、委员单位

天津新丝路模特有限公司
上海逸飞模特经纪有限公司
天津明星模特发展中心
沈阳金之路模特经纪有限公司
哈尔滨市模特协会
东北电力大学艺术学院
吉林市铭阳模特经纪公司
内蒙古狄安娜现代艺术培训学校
东华大学上海中纺模特经纪有限公司
南京尼雅模特经纪有限公司
南京邦士企业策划有限公司
长春艾迪凯森艺术发展有限公司
江苏模特艺术学校
北京新亮点华夏文化传播有限公司
北京一鸣模特培训中心
海南新思维模特有限公司
吉林海旋飞文化传播有限公司
新疆新丝路模特经纪有限公司
北京三奇北方模特文化艺术交流中心
河南省模特艺术研究协会
安徽青桦传媒有限公司
中国社区艺术团
淄博凯莱希模特职业培训学校
上海火石文化经纪有限公司
湖北美术学院
湖南世纪风模特经纪有限公司
北京模度势文化发展有限公司
天津工业大学艺术与服装学院
青岛东方丽人模特艺校潍坊分校
北京基业天星时尚文化传播有限公司
福州阳光丽人文化传播有限公司
北京依儿衫文化经纪有限公司
湘潭东方明星模特艺术职业学校
包头卡丹模特艺术培训学校
哈尔滨新面孔模特职业培训学校
江西服装职业技术学院
北京紫色传奇模特经纪有限公司
抚顺卓姿模特艺术管理有限公司
山西风雨潮模特艺术学校
青岛东方丽人模特艺校济南分校
重庆大正模特艺术有限公司
威海小华模特学校
武汉星之路文化艺术发展有限公司
北京百代流芳国际模特经纪有限公司
重庆视界之星模特礼仪培训学校
安徽芙兰德文化传播有限公司
北京希肯国际模特职业技能培训学校
北京理想境界文化发展有限公司
北京凯莱希服装模特职业培训学校
南昌凯莱希模特培训学校
河北东方星路模特经纪有限公司
广州体育学院
山东泰安天艺模特培训中心
枣庄市模特艺术学校
大连海浪模特艺术学校
东营市模特协会
大庆冉红文化艺术传媒有限公司
上海皓都文化传播有限公司
天津盛世阳光影视文化传播中心
北京蓝凤凰文化发展有限公司
甘肃九方时尚文化传播有限公司
北京天星君创文化传播有限公司
北京天地神话国际文化发展有限公司
辽宁龙邦国际模特经纪有限公司
北京菲晨文化发展有限公司
北京兴丹思尔文化艺术有限公司
厦门青年模特广告公司
潍坊学院
广东东方星际模特演绎制作有限公司
陕西省模特艺术协会
贵州新雅模特职业培训学校
新锋时尚（北京）文化有限公司
郑州轻工业学院艺术设计学院
石家庄新时尚演出经纪有限公司
淄博东方丽人模特管理有限公司
淄博市临淄霓裳天桥模特经纪工作室
武汉精英时尚文化传播有限公司
北京羽禾千骄时尚演艺经纪有限公司
安诺特国际文化传播（北京）有限公司
北京艾洛克文化传播有限责任公司
上海霖杰模特儿经纪有限公司
北京红马华艺文化传播有限公司
广州嘉儿模特经纪有限公司
新疆顶尖文化发展有限公司
南京梦想模特培训学校
南昌市新思露模特培训中心
山西省模特协会
宝鸡市新视轩文化传播有限公司
上海冰雨文化传播有限公司
北京精品风情艺人经纪有限公司
北京秀邦国际文化艺术有限公司
德州市模特艺术行业协会
辽宁北方模特职业培训学校
贵州令闻文化传播有限公司
武汉领秀联线文化传播有限公司
北京爵代国际文化发展有限公司
南昌大学艺术与设计学院
秦皇岛市池雪文化传播有限公司
湖北七色风模特服饰有限责任公司
滨州市凯莱希模特职业培训学校
长沙市名望羽禾演艺经纪有限公司
石家庄艾嘉伟业文化传播有限公司
成都理工大学广播影视学院
泰安市泰山区凯盈模特工作室
Elite 精英模特授权（亚太区）有限公司
福州美缔亚传媒有限公司

中国服装设计师协会职业时装模特委员会

第六届委员名单（2015年7月24日第六次全体会议通过）

一、总干事：

韩永成 男 中国服装设计师协会副秘书长

二、主任委员：

张　舰 男 北京概念久芭文化发展有限公司艺术总监
李玮琦 女 北京服装学院时尚传播学院副院长兼表演专业负责人
李　冰 男 新丝路（北京）文化传播有限公司董事长
杨　军 男 青岛东方丽人模特艺术培训学校校长
姚　戈 男 北京东方宾利文化传媒有限公司董事长
周　迎 女 北京希肯国际文化艺术有限公司艺术总监
田晓龙 男 龙腾精英国际模特经纪（北京）有限公司董事长
赵　东 男 辽宁北方模特经纪有限公司董事长
梁向方 男 北京新面孔模特职业培训学校校长
郑　屹 男 上海英模文化发展有限公司总经理

三、执行委员：

冯　杰 男 厦门霓裳文化传播有限公司董事长
陈　翔 男 四川新视典模特文化有限公司总经理
解洪群 男 沈阳辛迪模特艺术有限公司董事长
吴泊娴 女 新疆麟龙文化传媒有限公司董事长
陈晓玫 女 大连工业大学服装学院服装表演系主任
杨洪清 男 大连踩珂男模文化有限公司董事长
王红民 男 北京星美时尚文化传媒有限公司总经理
方　华 女 上海火石文化经纪有限公司总经理
李　刚 男 北京天星君创文化传播有限公司总经理
石光晨 男 北京时尚线路国际模特文化发展有限公司董事长

四、荣誉委员：

（最佳职业时装模特按获奖年份排序）

马艳丽 女 1998、1999年度中国最佳职业时装模特
姜培琳 女 2000、2001年度中国最佳职业时装模特
王　敏 女 2002、2003年度中国最佳职业时装模特
胡　兵 男 2004年度中国最佳职业时装模特
韦　杰 女 2004年度中国最佳职业时装模特
程　峻 男 2005年度中国最佳职业时装模特
戴小奕 女 2005年度中国最佳职业时装模特
张信哲 男 2006年度中国最佳职业时装模特
莫万丹 女 2006年度中国最佳职业时装模特
康俊龙 男 2007年度中国最佳职业时装模特
边彦阳 女 2007年度中国最佳职业时装模特
孟　飞 男 2008年度中国最佳职业时装模特
刘　多 女 2008年度中国最佳职业时装模特
王　晖 男 2009年度中国最佳职业时装模特
单静雅 女 2009年度中国最佳职业时装模特
赵　磊 男 2010年度中国最佳职业时装模特
王诗文 女 2010年度中国最佳职业时装模特
马浩然 男 2011年度中国最佳职业时装模特
马　青 女 2011年度中国最佳职业时装模特
傅正刚 男 2012年度中国最佳职业时装模特
刘彤彤 女 2012年度中国最佳职业时装模特
罗　彬 男 2013年度中国最佳职业时装模特
程怡嘉 女 2013年度中国最佳职业时装模特
郝允翔 男 2014年度中国最佳职业时装模特
李蔚语 女 2014年度中国最佳职业时装模特
姚　阳 男 2015年度中国最佳职业时装模特
伍　倩 女 2015年度中国最佳职业时装模特
史启帆 男 2016年度中国最佳职业时装模特
曾玲玲 女 2016年度中国最佳职业时装模特

（业界知名人士按姓氏笔画排序）

马　玉 男 中国时尚大奖——2003年度最佳化妆造型师
王红民 男 中国时尚大奖——2002年度最佳时装编导
王维平 男 中国时尚大奖——2004年度最佳时装编导
毛戈平 男 中国时尚大奖——2004年度最佳化妆造型师
李东田 男 中国著名时尚造型师
连　旭 男 中国时尚大奖——2000年度最佳时装摄影师
汪桂花 女 原新丝路模特经纪有限公司副总裁、艺术总监
陈娟红 女 中国国际时装周十周年——十大职业名模
范垂弟 女 原哈尔滨市模特协会副主席
娟　子 女 中国时尚大奖——1998年度最佳时装摄影师
焦发祖 男 原北京星美概念文化有限公司舞美设计师

主任委员单位:

北京概念久芭文化发展有限公司
北京服装学院
新丝路(北京)文化传播有限公司
青岛东方丽人模特艺术培训学校
北京东方宾利文化传媒有限公司
北京希肯国际文化艺术有限公司
龙腾精英国际模特经纪(北京)有限公司
辽宁北方模特经纪有限公司
北京新面孔模特职业培训学校
上海英模文化发展有限公司

执行委员单位:

厦门霓裳文化传播有限公司
四川新视典模特文化有限公司
沈阳辛迪模特艺术有限公司
新疆麟龙文化传媒有限公司
大连工业大学服装学院
大连跞珂男模文化有限公司
北京星美时尚文化传媒有限公司
上海火石文化经纪有限公司
北京天星君创文化传播有限公司
北京时尚线路国际模特文化发展有限公司

委员单位:

天津新丝路模特有限公司
北京国际职业教育学校
东北电力大学艺术学院
吉林市铭阳模特经纪公司
内蒙古狄安娜模特现代艺术培训学校
南京尼雅模特经纪有限公司
长春市北方模丽艺术培训学校
山东慧可大道文化传播有限公司
江苏模特艺术学校
北京一鸣模特培训中心
河南魅力东方模特经纪有限公司
海南新思维模特有限公司
新疆新丝路模特经纪有限公司
西安时尚模特职业培训学校
河南省模特艺术研究协会
安徽青桦传媒有限公司
央美视觉(北京)文化发展有限公司
广东漫姿莎华模特演艺制作有限公司
淄博凯莱希模特职业培训学校
湖北美术学院
北京模度势文化发展有限公司
天津工业大学艺术与服装学院
青岛东方丽人模特艺校潍坊分校
哈尔滨新丝路模特职业培训学校
江西服装学院
北京紫色传奇艺术传播有限公司
山西风雨潮模特艺术学校
青岛东方丽人模特艺校济南分校
重庆大正模特艺术有限公司
大连时尚天姿模特艺术有限公司
威海小华模特学校
武汉星之路文化艺术发展有限公司
重庆视界之星模特礼仪培训学校
安徽芙兰德文化传播有限公司
南昌凯莱希模特培训学校
南京梦想模特经纪文化有限公司
山东泰安天艺模特培训中心
长沙市微力量艺术培训学校

枣庄市模特艺术学校
东营市模特协会
大庆冉红文化艺术传媒有限公司
天津盛世阳光影视文化传播中心
甘肃九方时尚文化传播有限公司
北京天地神话国际文化发展有限公司
辽宁龙邦慧智传播事业有限公司
枫晟（北京）国际影视传媒有限公司
北京兴丹思尔文化艺术有限公司
厦门川力青模文化传播有限公司
潍坊学院
广州海上丝路文化发展有限公司
陕西省模特艺术协会
石家庄新时尚演出经纪有限公司
淄博东方丽人模特管理有限公司
临淄东丽艺术培训学校
武汉精英子午文化传播有限公司
北京羽禾千骄时尚演艺经纪有限公司
上海霖杰模特儿经纪有限公司
广州嘉儿模特经纪有限公司
新疆顶尖文化发展有限公司
南京梦想模特培训学校
山西省模特协会
上海冰雨文化传播有限公司
德州市模特艺术行业协会
辽宁北方模特职业培训学校
贵州省模特行业协会
秦皇岛市池雪文化传播有限公司
湖北七色风模特服饰有限责任公司
滨州市凯莱希模特职业培训学校
长沙羽丝翼模特经纪有限公司
北京新思维天下文化传播有限公司
四川传媒学院
泰安市泰山区东方丽人文化传媒工作室

厦门捌零后文化艺术有限公司
宁夏银川汇鼎东方文化传播有限公司
洛阳市和胜模特有限公司
兰州凤林渡文化传播有限公司
徐州市名可时尚文化发展有限公司
安徽省模特协会
大连金凤凰模特演艺有限公司
展熙堂（北京）国际模特文化发展有限公司
广州菲臣文化活动策划有限公司
山东省淄博第十七中学
北京欧亚佳人文化传播有限公司
温州市益元素模特有限公司
北京唐川文化传播有限公司
福州星铄文化发展有限公司
北京新面孔模特经纪有限公司
河北葆力之士影视文化有限公司
山东新偶像文化艺术发展有限公司
河北科技大学纺织服装学院
威海市刘敏模特职业培训学校
山西鸿帆文化艺术传播有限公司
吉林艺术学院
河北启德文化传播有限公司
武汉莫奈文化传播有限公司
西安市模特艺术学会
默纳克（北京）国际文化传媒有限公司
武汉唐图文化传媒有限公司
烟台菲尚模特经纪有限公司
南宁彤景模特经纪有限公司
河北师范大学美术与设计学院
武汉戴伟时尚文化传播有限公司
杭州顶尖时尚文化艺术策划有限公司
北京升星文化传媒有限公司
张家港市星尚时尚文化推广有限公司
北京秀可诗国际文化传播有限公司

东北师范大学人文学院
哈尔滨天依龙腾文化传播有限公司
阜新市雪绒花模特艺术学校
成都海岚魔范模特经纪有限公司
河北保定第七中学
北京天梯一号文化发展有限公司
潍坊市艺翌艺术教育培训学校
东北师范大学美术学院
宁波登朝文化创意有限公司
长春市蓝梦美容美发职业培训学校
河北新丝路商务服务有限公司
北京时尚美空网络文化传播股份有限公司
杭州潮童文化创意有限公司
重庆新家人文化传媒有限公司
昆明青优文化传播有限公司
天津市函霓韵裳文化传播有限公司
潍坊市顶峰模特培训中心
辽宁隽秀文化传媒有限公司
北京诚恒阳光文化发展有限公司
杭州小童星儿童艺术策划有限公司
河南省柏辰文化传播有限公司
苏州安爵模特经纪有限公司
北京霏盛时尚文化传媒有限公司
攀色（上海）文化传播有限公司
哈尔滨艾一尚文化传媒有限公司
廊坊市德比文化传媒有限公司
寰亚风尚演艺经纪（上海）有限公司
山西光耀文化传媒有限公司
北京星美摇篮文化艺术有限公司
枣庄市市中区东丽艺术培训中心
时尚世界（北京）国际模特经纪有限公司
陕西纽持模特经纪有限公司
北京铖睿影视文化发展有限公司

中国服装设计师协会职业时装模特委员会

入会十年荣誉名单

为表彰和纪念成员单位加入职业时装模特委员会十年来，在推动中国职业模特行业繁荣和发展做出的突出贡献。经中国服装设计师协会批准，职业时装模特委员会于2010~2016连续七年，向入会届满十年的成员单位颁发《入会十年荣誉证书》：

2000年6月16日入会

新丝路（北京）文化传播有限公司
北京概念久芑文化发展有限公司
辽宁北方模特经纪有限公司
天津新丝路模特有限公司
青岛东方丽人模特艺术培训学校
北京服装学院
北京希肯国际文化艺术有限公司
北京国际职业教育学校
沈阳辛迪模特艺术有限公司
东北电力大学艺术学院
吉林市铭阳模特经纪公司

2001年6月6日入会

内蒙古狄安娜现代艺术培训学校
南京尼雅模特经纪有限公司
长春市北方模丽艺术培训学校
山东慧可大道文化传播有限公司
四川新视典模特文化有限公司
江苏模特艺术学校
北京新面孔模特职业培训学校
北京一鸣模特培训中心

2002年7月25日入会

河南魅力东方模特经纪有限公司
海南新思维模特有限公司
新疆新丝路模特经纪有限公司
西安时尚模特职业培训学校
河南省模特艺术研究协会
大连豚珂男模文化有限公司
安徽青桦传媒有限公司
央美视觉（北京）文化发展有限公司
广东漫姿莎华模特演艺制作有限公司
淄博凯莱希模特职业培训学校
厦门霓裳文化传播有限公司

2003年8月18日入会

北京东方宾利文化传媒有限公司
新疆麟龙文化传媒有限公司
上海火石文化经纪有限公司
湖北美术学院
北京模度势文化发展有限公司
天津工业大学艺术与服装学院
青岛东方丽人模特艺校潍坊分校

2004年7月26日入会

龙腾精英国际模特经纪（北京）有限公司
福州阳光丽人文化传播有限公司
哈尔滨新丝路模特职业培训学校
江西服装学院
北京紫色传奇艺术传播有限公司
山西风雨潮模特艺术学校
青岛东方丽人模特艺校济南分校
重庆大正模特艺术有限公司
北京星美演艺经纪有限公司

2005年3月31日入会

大连时尚天姿模特艺术有限公司
威海小华模特学校
武汉星之路文化艺术发展有限公司
重庆视界之星模特礼仪培训学校
安徽芙兰德文化传播有限公司
南昌凯莱希模特培训学校

2006年8月8日入会

南京梦想模特经纪文化有限公司
山东泰安天艺模特培训中心
湖南微力量影视艺术传媒有限公司
枣庄市模特艺术学校
东营市模特协会
大庆冉红文化艺术传媒有限公司
大连工业大学服装学院
天津盛世阳光影视文化传播中心

中国模特爱心行动之“千名时装模特爱心T恤义卖”
爱心参与单位名单

北京概念久芭模特经纪有限公司
北京东方宾利文化发展中心
北京希肯国际模特经纪有限公司
北京希肯国际模特职业培训学校
龙腾精英国际模特经纪（北京）有限公司
北京服装学院服装艺术与工程学院
西安时尚模特职业培训学校
山东慧可文化传播有限公司
广东东方星际模特演绎制作有限公司
天津盛世阳光影视文化传播中心
厦门霓裳文化传播有限公司
山东威海小华模特学校
内蒙古狄安娜职业模特现代艺术培训学校
青岛东方丽人模特艺术培训学校
沈阳辛迪模特艺术有限公司
山西风雨潮模特艺术学校
南京梦想模特经纪文化有限公司
天津新丝路模特有限公司
淄博市临淄霓裳天桥模特经纪工作室
河南省模特艺术研究协会
武汉精英时尚文化传播有限公司
青岛东方丽人模特艺校潍坊分校
南昌凯莱希模特培训学校
淄博东方丽人模特管理有限公司
河南魅力东方模特经纪有限公司
北京凯莱希服装模特职业培训学校
四川新视典模特文化有限公司

“星美·星感觉”2010中国模特大会
优秀组织奖

青岛东方丽人模特艺术培训学校
北京服装学院
大连天姿模特艺术有限公司
辽宁北方模特职业培训学校
新疆麟龙模特文化经纪有限公司
陕西省模特艺术协会
大连工业大学服装学院
西安时尚模特职业培训学校
吉林市铭阳模特经纪公司
内蒙古狄安娜现代艺术培训学校
甘肃九方时尚文化传播有限公司
南京梦想模特培训学校
北京羽禾千骄时尚演艺经纪有限公司
大连跞珂男模文化有限公司
新疆顶尖文化发展有限公司
山东慧可大道文化传播有限公司
北京希肯国际模特有限公司
海南新思维模特有限公司
长沙市名望羽禾演艺经纪有限公司

2011中国模特演艺大会
优秀组织奖

青岛东方丽人模特艺术培训学校
吉林市铭阳模特经纪公司
新疆麟龙模特文化经纪有限公司
大连时尚天姿模特艺术有限公司
陕西省模特艺术协会
西安时尚模特职业培训学校
南京梦想模特培训学校
内蒙古狄安娜现代艺术培训学校
北京羽禾千骄时尚演艺经纪有限公司
新疆顶尖文化发展有限公司
大连跞珂男模文化有限公司
山东慧可大道文化传播有限公司
四川新视典模特文化有限公司
沈阳辛迪模特艺术有限公司
威海小华模特学校
南昌凯莱希模特培训学校
大庆冉红文化艺术传媒有限公司
贵州令闻文化传播有限公司
成都理工大学广播影视学院
洛阳市和胜模特有限公司
徐州市名可时尚文化发展有限公司
河南省模特艺术研究协会
天津盛世阳光影视文化传播中心
南昌市新思露模特培训中心
秦皇岛市池雪文化传播有限公司
北京星宇立君文化艺术传播有限公司
沈阳音乐学院南校区
江西服装职业技术学院
安徽蚌埠海之梦模特艺术培训中心

中国服装设计师协会职业时装模特委员会

成员单位合作公约

为树立良好行业形象，加强同业自律，提倡有序竞争，促进成员单位之间合作与发展。经中国服装设计师协会批准，由职业模特委员会主执委单位联合提议，职业模特委员会（以下简称"模特委员会"）特制定本公约，由全体成员单位相互监督、共同遵守。

一、同业自律

1. 维护行业声誉，以法律法规和职业道德规范从业行为。
2. 尊重同业，公平竞争，团结互助，关注社会公益。
3. 对签约模特和经纪人在业务及职业道德方面给予指导和监督，定期组织模特和经纪人学习相关法规、交流工作经验。
4. 不贬低同业的专业能力和水平，不诋毁同业，不采用其它不正当手段与同业竞争。

二、模特经纪

1. 维护模特尊严、人身安全和工作待遇等基本权益。
2. 不为建立签约代理关系对模特进行误导。
3. 维护行业价格，不以明显低于同业价格水平或零费用竞争业务。
4. 依法纳税，对签约和代理模特代扣代缴个人所得税。
5. 不要求模特出席具有公关性质的私人聚餐及娱乐活动。

三、模特代理

1. 代理其他经纪机构或院校模特的工作，应当在其他经纪机构或院校书面确认的授权范围内进行。
2. 有意使用其他公司的签约模特，须以书面形式与其他公司确认项目、时间、费用、结算等内容。
3. 未经书面许可不使用其他公司的签约模特。

四、模特转约

1. 保障模特基本权益，通过开拓业务不断提高模特收入，对合约期内无法保障模特基本生存及增加收入，导致模特提前申请解约，不能以超长合约年限为由恶意扣留模特，保障模特在成员单位之间的合法转约。
2. 不接收（签约）其他公司合约未到期的模特。
3. 有转约意向的模特，需提供与原公司的解约合同，新公司方可接收。
4. 接受转约的经纪机构应排除不正当竞争因素，不授意、纵容或协助转约模特和经纪人从事有损于原经纪机构利益的行为。
5. 对未与任何公司签约的模特，不予使用。

五、院校模特

1. 院校有义务对在校生进行职业模特从业规范教育。
2. 鼓励在校生参与行业选拔，签约经纪机构参与市场实践或实习。
3. 经纪机构使用在校生应通过校方安排，与校方签署合作协议，依照市场运营方式支付模特合理报酬，依法处理好在校生的个人所得税事宜。
4. 不鼓励在校生参与选美比赛及其他不正规模特赛事。
5. 不鼓励使用无故退学、休学的模特。

六、外籍模特

1. 签约或代理的外籍模特须持有合法签证，在中国境内的居留符合国家相关政策法规。
2. 有义务组织外籍模特面授中国国家相关法律和法规。
3. 外籍模特所有境内收入都代扣代缴个人所得税。

七、少儿模特

1. 不搞以营利为目的的少儿模特等级考评。
2. 不以走秀或评比为由向家长收取培训和食宿行以外的其它费用。
3. 做好童模及家长的安全管理，不发生任何安全事故。

八、山寨协会

1. 对于民政部公布的山寨机构应划清界限。
2. 不加入山寨机构，不参与山寨机构组织的任何活动。

九、督导机制

1. 成员单位每年年初将签约模特名单提交模特委员会备案。
2. 模特委员会不定期在相关网站或以简报形式向成员单位公布名单。
3. 模特委员会负责本公约的督促实施和协调服务。
4. 对于违约的单位和模特，由签约公司书面报告后，经模特委员会调查核实，通过执委会研究决定，视情节轻重给于警告、通报批评、撤销成员单位资格，以及禁止参加协会相关活动等处罚。

十、附则

1. 本公约以修订的方式进行修改，由主执委审议修订。
2. 本公约经模特委员会年度大会通过执行。
3、本公约最终解释权归属模特委员会。

中国服装设计师协会时装模特等级核定办法

本办法经中国服装设计师协会职业时装模特委员会（以下简称“模特委员会”）提请中国服装设计师协会审定，适用于中国服装设计师协会和模特委员会各成员单位主办、参与主办的各项活动，其他社会组织可参照执行。

一、时装模特等级分类

1. 中国首席名模：

荣获中国时尚大奖----年度最佳职业时装模特称号的模特。

2. 中国名模（超A）：

荣获中国时尚大奖----年度十佳职业时装模特称号的模特。

3. A类模特：

中国服装设计师协会认定大赛冠军、亚军、季军获得者。

4. B类模特：

中国服装设计师协会认定大赛十佳、单项奖获得者。

5. C类模特：

模特委员会各成员单位的优秀签约模特。

二、时装模特大赛认定条件

1. 大赛主题健康明确、章程严谨规范，组织机构健全并取得有关主管单位的批准，主、承办单位应具备独立法人地位和良好的社会信誉和形象。

2. 全国性大赛的参赛选手来源应不少于10个省(市)，国际性大赛的参赛选手来源应不少于10个国家或地区。

3. 模特委员会成员单位举办三届以上并符合上述条件的大赛均可申请认定。

三、最佳职业时装模特评选

参评条件：

1. 中国服装设计师协会认定大赛的冠、亚、季军。

2. 模特委员会成员单位推选的优秀签约模特。

3. 中国十佳时装设计师推荐的优秀时装模特。

评选办法：

1. 模特委员会根据评选细则审核参评资格并提名候选模特。

2. 中国服装设计师协会时装艺术委员会从模特委员会提名的候选模特中选出年度中国十佳职业时装模特。

3. 中国服装设计师协会理事会和中国国际时装周理事会从年度中国十佳职业时装模特中投票选出年度中国最佳职业时装模特。

四、模特演出价格

模特委员会将根据模特等级定期发布演出指导价格。

中国时尚大奖

年度最佳职业时装模特评选细则

为了做好中国时尚大奖评选组织工作，根据历年评选工作的具体情况，经中国服装设计师协会批准，职业时装模特委员会（以下简称“模特委员会”）特制定本细则对《年度中国最佳职业时装模特参评条件及评选办法》予以补充和细化，从2014年度评选时开始执行。

一、参评资格

1. 职业时装模特或模特专业在校生。

2. 无违法记录、无造成恶劣社会影响的行为记录。

3. 无违约、毁约或其他违反经纪合约的行为记录。

4. 能提供有效的模特经纪合约。

5. 能提供税务机关出具的，从申报参评当月上推17个月的个人所得税完税证明和完税证明期间的累计纳税额。

6. 能提供至少两季中国国际时装周参演场次的完整记录。

7. 上述六项须同时具备方可申报参评，其中完税额和演出场次将作为参评必备依据，列入三轮选票的参考资料。

二、评选细则

1. 模特委员会投票阶段

1）模特参评资料由模特委员会汇总审核后进行首轮投票。

2）选票资料侧重上年10月和本年3月中国国际时装周参演品牌、两季累计场次排序、年度纳税额排序（不显示纳税额）、曾获模特行业最高奖项、以及姓名、身材数据等。

3）成员单位有权对名单中的“问题模特”提出书面反对意见。

4）模特委员会以书面形式通知“问题模特”及选送单位在5个工作日内，与投诉单位进行沟通，达成谅解后由投诉单位撤回意见书。规定时间内未达成谅解的，模特委员会将终止被投诉模特的参评资格，且三年之内不能参评。

5）本细则发布之日起违反《成员单位合作公约》或以承诺获奖为诱饵动员模特签约的单位，一经核实，模特委员会将终止其选送参评模特的资格，且三年之内不能选送。

6）首轮投票结束，前20名/30名（男/女）模特资料送交中国服装设计师协会艺术委员会（以下简称“艺术委员会”）投票。

2. 艺术委员会投票阶段

1）艺术委员会投票产生年度最佳职业时装模特候选人男女各10名。

2）选票的参考资料在保留模特委员会投票的所有资料外，增加模特委员会得票数排序（不显示得票数）。

3）模特在参评期间出现的严重违约行为被投诉的，一经核实，将终止其参评资格，三年之内不能参评并向模特委员会全体成员单位通报。

4）模特在参评期间违法或有恶劣社会影响的行为，一经核实，将永久取消其参评资格，并向模特委员会全体成员单位通报；对于过往的上述行为，永久取消其参评资格但不再向全体委员单位通报。

5）模特不在评选期间的合约或违约问题不予追究，该模特可继续参评。

3. 时装周投票评选阶段

1）由中国服装设计师协会理事会和中国国际时装周理事会联合从年度中国十佳职业时装模特中投票选出年度最佳职业时装模特男女各1名。

2）选票的参考资料在保留艺术委员会投票的所有资料外，增加艺术委员会得票数排序（不显示得票数），同时增加本年10月中国国际时装周参演品牌、三季累计场次排序。

3）在本投票阶段的时装周期间，如发现模特个人和所属经纪公司有免费演出、非正当手段拉选票等恶性竞争情况，一经核实，将取消其本届参评资格。

4）参评模特及选送单位应积极维护行业荣誉，支持并参与“中国模特爱心行动”等模特委员会倡议的社会公益活动，认真参加年度评选的各阶段宣传推广、新闻发布和颁奖典礼活动。

5）无正当理由不参加公益及上述活动、不参加中国国际时装周次年开幕和闭幕颁奖典礼活动的，模特委员会有权终止问题模特的当届参选资格或获奖后的后续宣传。

中国服装设计师协会

全国（国际）性模特大赛管理办法

第一章总则

第一条 为了促进我国职业模特队伍的健康发展，促进优秀模特人才脱颖而出，进一步规范各类模特赛事，加强行业引导，特制定本办法。

第二条 本办法由中国服装设计协会职业模特委员会（以下简称“模特委员会”）负责修订、解释，只涉及T台和商用两类模特专业赛事，不包含选美活动。

第二章比赛组织

第三条 中国服装设计协会支持模特委员会成员单位举办各类模特大赛，选拔优秀人才，为职业模特提供广阔的展示和竞争舞台。

第四条 举办全国（国际）性模特大赛应该主题健康明确、章程严谨规范，组织机构健全并取得有关主管单位的批准，主、承办单位应具备独立法人地位和良好的社会信誉和形象。

第五条 全国性模特大赛的参赛选手来源应不少于10个省（市），国际性模特大赛的参赛选手来源应不少于10个国家或地区。

第六条 全国（国际）性模特大赛参赛选手基本条件：

一、年龄不得低于16周岁；

二、男女身高分别不得低于172/160 cm；

三、遵纪守法，无犯罪记录；

四、具备9年以上基础教育学历。

第三章评审办法

第七条 全国（国际）性模特大赛可分预赛、复赛和决赛。预赛主要依据参赛选手的基本身体条件进行评比，复赛和决赛主要通过对选手体态、文化素质、感知能力、表现能力等综合能力进行评比。

第八条 全国（国际）性模特大赛的评委组成应体现专业性、独立性和代表性，评委数量不少于7人。

第九条 全国（国际）性模特大赛应有完整的评审程序和评判规则。

第十条 全国（国际）性模特大赛的评判过程和结果须经全体评委签字，并由指定律师或公证处确认方可生效。

第四章成果认定

第十一条 全国（国际）性模特大赛成果由模特委员会组织认定，各主办单位自主申报。

第十二条 申请成果认定的全国（国际）性模特大赛，应具备以下条件：

一、比赛规模和赛事组织符合本办法第三至第十条规定；

二、总决赛评审现场须有模特委员会委派人员担任观察员。

第十三条 申请认定应在比赛开始前一个月提交成果认定申请、大赛章程、组织架构、评审办法、评委名单、奖项设置和整体策划方案，并于比赛结束后一个月内将比赛结果及总结报送模特委员会。

第十四条 参加境外机构主办的国际性模特大赛应预先在模特委员会登记备案方可申报成果。

第十五条 成功举办一届以上可提交申请进入预备认定阶段；连续举办三届直接进入认定阶段，经模特委员会审核符合认定条件，报请中国服装设计师协会给予认定成果。

第十六条 中国服装设计师协会将通过官方网站及相关合作媒体，向社会公示并推荐已认定成果和正在进行成果认定的大赛名单。

第五章认定支持

第十七条 中国服装设计师协会对申请成果认定的全国（国际）性模特大赛，通过中国服装设计师协会主办，或模特委员会主办、承办、协办和支持等不同组织身份，给予工作支持。

第十八条 中国服装设计师协会主办，以及模特委员会主办和承办的全国（国际）性模特大赛的赛事章程、评审办法、奖项设置和评委名单由模特委员会拟定，报请中国服装设计师协会批准，由模特委员会委派或指定人员监督执行。

第十九条 模特委员会协办和支持的全国（国际）性模特大赛的赛事章程、评审办法、奖项设置和评委名单由主办单位制定，模特委员会备案后执行。

第二十条 中国服装设计协会认定成果的全国（国际）性模特大赛前三甲获得者可优先申报获得“中国时尚大奖——年度最佳职业时装模特”参评资格；同时前三名奖获得者及优秀选手，将有机会由模特委员会在时装周大面试及协会其他活动中重点推广。

第二十一条 中国服装设计协会认定成果的全国（国际）性模特大赛，如因违反法律法规、违背章程出现不公正评比、安全事故等造成恶劣社会影响的情况，将撤销认定资格并予以通报批评和公示。

知名机构名录

List of Celebrated Agencies

安徽

安徽青桦传媒有限公司

地址：安徽省合肥市庐阳区中央花园 9--13
联系人：陈桦（艺术总监）
电话：13905602190
邮箱：545076680@qq.com
官网：http://www.ahqh.com
官微：安徽青桦传媒有限公司 http://weibo.com/ahqinghua
微信公众号：青桦传媒 ahqinghua

安徽芙兰德文化传播有限公司

地址：合肥市蜀山区新产业园汶水路电商园 3 期 1 号楼 B 区 3 层
联系人：陈群（总经理）
电话：13505517330
邮箱：1150613610@qq.com
官网：www.cnfrd.com

安徽省模特协会

地址：安徽省合肥市宣城路 85 号依爱花园首誉二楼
联系人：徐玲玲（会长）
电话：0551--62838968 13309695951
邮箱：5588950@qq.com
官网：www.ahmodelcn.com
微信公众号：首誉传媒 shouyuchuanmei

北京

新丝路（北京）文化传播有限公司

地址：北京市朝阳区八里庄东里 1 号莱锦 CF02
联系人：张婷（经纪部总监）、唐帆（培训部总监）
电话：18610118278、13701296792
邮箱：ivy1011@foxmail.com
官网：http://www.nsr.com.cn/
官微：新丝路
微信公众号：chinansr

北京概念久芭文化发展有限公司

地址：北京市朝阳区酒仙桥路 2 号时尚设计广场 B 座 106 室
联系人：张靓（艺术总监）、苑圆（总经理）
电话：13801079559、13911273175
邮箱：248864951@qq.com
官网：www.galaxymodel.com
官微：http:/weibo.com/u/1253467733
微信公众号：概念 98

北京服装学院服装表演专业

地址：北京市朝阳区和平街北口樱花东街甲 2 号
联系人：闫旭燕（模特管理）、曲悦（模特管理）
电话：18612680055、13811053542、010--64288366
邮箱：beifubiaoyan@163.com
官网：http://www.bift.edu.cn
官微：北服 - 北服表演 http://weibo.com/64288366
微信公众号：北服--北服表演 beifubiaoyan

北京希肯国际文化艺术有限公司

地址：北京市东城区东直门南大街 14 号保利写字楼 977 室
联系人：周迎（艺术总监）
电话：13701090821
邮箱：joychic@163.com
官网：www.chicintl.com.cn
微信公众号：希肯琵雅国际文化

北京国际职业教育学校

地址：北京市东城区和平里南口民旺园 33 号
联系人：张蕾（专业负责人）
电话：18601958502
邮箱：miazhang1985@163.com
官网：http://www.bjive.net
微信公众号：BJIVES

北京新面孔模特职业培训学校

地址：北京市顺义区后沙峪天北路中心街 97 号
联系人：郎慧（招办主管）
电话：15524669988、010--80498459
邮箱：newface010@126.com
官网：中国模特在线 http://www.xinsilu.com
官微：北京新面孔模特学校 http://weibo.com/newfacemodel
微信公众号：北京新面孔模特学校 newfaceBJ

北京一鸣模特培训中心

地址：北京市海淀区小西天文慧园路 6 号五月华庭 A 座 709 室
联系人：王一鸣（艺术总监）
电话：13911715390

央美视觉（北京）文化发展有限公司

地址：北京市朝阳区亮马桥路 46 号福景苑 B 座 1210 室
联系人：孙健勤（艺术总监）
电话：13301312325
邮箱：zyong50@sina.com

北京东方宾利文化传媒有限公司

地址：北京市朝阳区新东路幸福二村 40 号耀莱中心 B 座 5 层
联系人：李琳（总经理）、姜雁飞（大赛部总监）
电话：13701165535、13581731766
邮箱：chinamodels@chinabentley.com
官网：http://www.chinamodels.com.cn/
官微：东方宾利 http://weibo.com/lovemodel
微信公众号：东方宾利 dongfangbinli

龙腾精英国际模特经纪（北京）有限公司

地址：北京市朝阳区半壁店 1 号文化产业园 A603--A605
联系人：李彦玲（总经理）
电话：13910060116、010--64153933、65063933、65073933
邮箱：yanling0515@126.com、lemon@longtengmodels.com
官网：http://www.longtengmodels.com
官微：龙腾精英模特经纪--北京官方
微信公众号：longteng_models

北京紫色传奇艺术传播有限公司

地址：北京市朝阳区酒仙桥路 2 号 1-15 幢 N30 室
联系人：冯京雷
电话：13910126688
邮箱：23214061@qq.com
官网：www.zisechuanqi.com

北京星美时尚文化传媒有限公司

地址：北京市朝阳区向军北路 28 号院圣世一品 B105 室
联系人：杨谦恺（副总经理）、刘智昕（综合部总监）
电话：13681038945、010--57018831
邮箱：stellarmgmt@163.com
官网：www.saafashion.com
官微：星美时尚
微信公众号：星美演艺 xmsswhcm

北京时尚线路国际模特文化发展有限公司

地址：北京市朝阳区高碑店金家村中街 8 号花园里文创园 E002
联系人：陈志华、程琳
电话：010--85164818
邮箱：zoe@mgroupworld.com
官网：http://www.mgroupworld.com
官微：MODELLINE 模特线路
微信公众号：Mgroup 旗下模特线路

北京天星君创文化传播有限公司

地址：北京市朝阳区朝外大街甲 6 号万通中心 C 座 22A-05
联系人：史志强（模特总监）
电话：13910151489
邮箱：simon@instargroup.com.cn
官网：www.instarmgt.com.cn
官微：天星君创 INSTAR
微信公众号：天星君创 instar

北京天地神话国际文化发展有限公司
地址：北京市朝阳区东三环中路 39 号院 18 号楼 18-2001
联系人：米佳（副总经理）、姚佳会（总监）
电话：18618107881 /010--59000456
邮箱：belle@mythi.com.cn / cherry@mythi.com.cn
官网：http://www.mythi.com.cn

枫晟（北京）国际影视传媒有限公司
地址：北京市朝阳区远洋天地商务楼 61 号 703 室
联系人：叶池（模特总监）
电话：18611075800
邮箱：eric@fusionchina.com、1550491528@qq.com
官网：www.fusionchina.com
微信公众号：fusionmodels

北京兴丹思尔文化艺术有限公司
地址：北京市朝阳区大屯路第五大道天创世缘大厦 B1 座 S102
联系人：王明坤（总经理）
电话：13581776932、010--53660918
官网：www.xdsm.com
官微：华艺美扬活动

北京羽禾千骄时尚演艺经纪有限责任公司
地址：北京市丰台区马家堡路 180 号蓝光云鼎大厦 832 室
联系人：李庆刚（总经理）
电话：13910081718、010--63777538
邮箱：wingingmodel@126.com
官网：http://www.wingingmodel.com、http://www.wingingmodel.cn
官微：羽禾模特培训 http://e.weibo.com/u/1404582760
微信公众号：羽禾模特培训 wingingmodeltraining

北京新思维天下文化传播有限公司
地址：北京市海淀区西三环北路 19 号北外国际大厦 810 室
联系人：杜春雷（总经理）
电话：13651156156
邮箱：22949777@qq.com
官网：www.daxinghuodong.com

晟熙堂（北京）国际模特文化发展有限公司
地址：北京朝阳区定福庄福怡苑小区九号口二单元 102 室
联系人：李牧（总经理）
电话：13910960045
邮箱：sxt_lijun@163.com
官网：www.sxtmodel.com
官微：晟熙堂文化传媒
微信公众号：晟熙堂文化传媒

北京欧亚佳人文化传播有限公司
地址：北京市朝阳区东三环中路建外 SOHO 西区 12 号楼 3502、3503
联系人：赵丽、仇爽
电话：13911179072、18618390962
邮箱：36808111@qq.com、745955374@qq.com
官网：www.modernmodel.com

北京唐川文化传播有限公司
地址：重庆市北部新区湖彩路 88 号约克郡北郡汀兰 2 号楼 2319
联系人：毛玲君（副总经理）
电话：18618204182
邮箱：875219766@qq.com
官网：http://www.bjtcmodel.com/
微信公众号：唐川文化机构 bjtcmodel

北京新面孔模特经纪有限公司
地址：北京市北京经济技术开发区西环北路 18 号 A 座 518 室
联系人：池雪（国际部总经理）
电话：13466393637
邮箱：intl@newface.cn
官网：模特中国 http://www.modelchina.cn
官微：新面孔模特 http://weibo.com/5604318574
微信公众号：新面孔模特 xmkmtjj

北京升星文化传媒有限公司
地址：北京市朝阳区朝阳路财满街 8-01107
联系人：姜少宇
电话：13811719491
邮箱：benny@ristarmodels.com
官网：www.ristarmodels.com
官微：北京升星文化传媒
微信公众号：升星传媒

北京秀可诗国际文化传播有限公司
地址：北京市朝阳区酒仙桥东路 4 号 751D-PARK 北京时尚设计广场 B 座 b106
联系人：代萌
电话：18301130623
邮箱：1017085587@qq.com
官网：www.showkids.cn
官微：Showkids 首席少儿模特大赛
微信公众号：showkids

北京天梯一号文化发展有限公司
地址：北京市朝阳区酒仙桥路 2 号 706 后街 1 号格瑞斯酒店
联系人：李丹
电话：13488730482
邮箱：stageone@126.com
官微：StageOne 天梯一号

北京时尚美空网络文化传播股份有限公司（美空网）
地址：北京市朝阳区霄云路 28 号网信大厦 B 座 8 层
联系人：苗翠竹（产品总监）
电话：18500223546
邮箱：zhuzi@moko.cc
官网：www.moko.cc
官微：美空 MOKO
微信公众号：美空 MOKO

北京诚恒阳光文化发展有限公司
地址：北京市海淀区文慧园甲 1 号楼 5 单元 402 室
联系人：张慧芳
电话：13801368883、010-68351019
邮箱：879575305@qq.com

北京霏盛时尚文化传媒有限公司
地址：北京市朝阳区朝阳公园西路九号碧湖居 1142
联系人：刘雅茜（总经理）
电话：18611075808
邮箱：jessica@vision-china.com.cn
官网：www.vision-china.com.cn
微信公众号：霏盛时尚 VISION

寰亚风尚演艺经纪（上海）有限公司
地址：北京朝阳区东三环中路 39 号建外 soho13 号楼 2304 室
联系人：朱楠（运营总监）
电话：13911400020
邮箱：zhunan619@126.com
官网：http://www.stylemgt.com.hk
官微：STYLE 风尚国际 http://weibo.com/stylemgt
微信公众号：STYLE 风尚国际 style_model、STYLE 星闻 STYLESTARS

北京星美摇篮文化艺术有限公司
地址：北京市朝阳区望京北路二十号
联系人：许殊瑾
电话：13466777549
邮箱：bjmc1987@163.com
官网：http://www.bjmodelschool.cn
官微：http://weibo.com/supermode
微信公众号：bjmc1987

时尚世界（北京）国际模特经纪有限公司
地址：北京市西城区小马厂华天大厦 2201 室
联系人：牧荣（总经理）
电话：18911676347
邮箱：elena-2005@163.com、1053353850@qq.com

北京铖睿影视文化发展有限公司
地址：北京市朝阳区工人体育场北路 8 号院 2 号楼 1 层 2135
联系人：黄婧（董事长）、杨博文（赛事总监）
电话：13731633333、18600846666
邮箱：chengruiyingshi@163.com
官微：铖睿影视传媒 http://weibo.com/u/3665052443
微信公众号：铖睿文化 chengruiyingshi

重庆

重庆大正模特艺术有限公司
地址：重庆市渝中区较场口合景聚融大厦一单元 28--3
联系人：李妍（执行董事）
电话：13708382291
邮箱：76543136@qq.com
官网：http://www.dzmodel.com
官微：DZmodel 大正模特 http://weibo.com/u/2425481210
微信公众号：大正模特 CQDZmode

重庆视界之星模特礼仪培训学校
地址：重庆市渝北区汇流路一号美联广场商务楼 9 层
联系人：张宏凌（校长）
电话：023-63039252、62127777
邮箱：498097357@qq.com
官网：www.cqsjzx.com.cn

重庆新家人文化传媒有限公司
地址：重庆市北部新区青枫北路 30 号凤凰 C 座 6 楼
联系人：方云飞（总经理）
电话：18523063411
邮箱：7951373@qq.com
官网：www.ijiaren.com
官微：家人杂志
微信公众号：家人杂志

福建

厦门霓裳文化传播有限公司
地址：厦门市思明区龙昌路 12 号 DSL 大楼 5 楼 A 区
联系人：张琨（总经理）
电话：18106931602
邮箱：297529518@qq.com
官网：http://www.xm-model.com/
官微：霓裳名模微博官网
微信公众号：霓裳名模机构

厦门川力青模文化传播有限公司
地址：福建省厦门市湖里区华昌路 132 号 A1--2
联发华美文创园 1981 川越时尚空间
联系人：吕守国（总经理）
电话：18965166677、13806018911
邮箱：modelok@126.com、2218179764 @ qq.com
官网：www. modelok.com
官微：川力青模 https://weibo.com/apaxxiamen
微信公众号：川力青模 apaxxiamen

厦门捌零后文化艺术有限公司
地址：福建省厦门市思明区龙山南路 84 号龙山文创园 1 号楼 1 楼
联系人：延华（艺术总监）
电话：15959236639、0592-2912590
邮箱：21708059@qq.com
官网：www.china1980s.com
官微：厦门 80 后时尚推广机构
微信公众号：厦门 80 后

福州星铄文化发展有限公司
地址：福州市白马北路勺园里 1 号芍园文化创意园 3C-108
联系人：蔡晟（总经理）
电话：13799993508、0591-87555827
邮箱：773456178@qq.com
官微：福州星铄文化
微信公众号：福州星铄文化

甘肃

甘肃九方时尚文化传播有限公司
地址：甘肃省兰州市城关区民主西路 6 号光源大厦 1603 室
联系人：符炜民（总经理）
电话：18993197092、18693118004
邮箱：343125084@qq.com
官网：www.gsmodel.com.cn
官微：gsdw0110
微信公众号：jiufangshishang

兰州凤林渡文化传播有限公司
地址：甘肃省兰州市段家滩路 704 号创意文化产业园
联系人：张辰（总经理）
电话：13321213535
邮箱：1363579963 @ qq.com
官网：www.fenglindu.com
官微：A+ 精彩凤林渡
微信公众号：seedorfkkk

广东

广东漫姿莎华模特演艺制作有限公司
地址：广东省广州市海珠区新港中路 354 号丽影华庭 5 座 1206 室
联系人：丁峻（总经理）
电话：020--34398176、343498177、343498178
邮箱：89316162@qq.com
官网：www.manzusaka.com
官微：漫姿莎华
公众号：漫姿莎华时尚机构

模度势文化发展有限公司广州分公司
地址：广东省广州市珠江新城花城大道 6 号名门大厦豪名阁 3101 室
联系人：孟甜
电话：13570138501
邮箱：bella@modelscn.com
官网：www.modelshk.com
官微：模度势模特公司
微信公众号：模度势

广州市海上丝路文化发展有限公司
地址：广州市越秀区华侨新村爱国路 8 号别墅
联系人：姜茂林（总经理）
电话：18665629797
邮箱：641182619@qq.com
官网：www.hsslcn.com
官微：海上丝路模特经纪 https://weibo.com/u/2256974112
微信公众号：海上丝路

广州嘉儿模特经纪有限公司
地址：广东省广州市越秀区较场西路 11 号 901
联系人：宫娉婷（总经理）
电话：13925166767
邮箱：clairmodel@163.com
官网：www.clairemodel.cn

广州菲臣文化活动策划有限公司
地址：广东省广州市海珠区滨江西路 268 号优创汇创业中心首层 FableModels
联系人：温雅晴（营运总监）、黄丹娜（客户总监）
电话：13802980133、13609046366、020--83340550、83345250
邮箱：info@fablemodels.com
官网：www.fablemodels.com
官方微博：Fable_Models 菲臣文化外模 http://weibo.com/fablemodels
微信公众号：FableModels 菲度模特 Fable-models

广西

南宁彤景模特经纪有限公司

地址：广西南宁市兴宁区民主路 20 号南宁市工人文化宫五楼
联系人：覃薇（模特总监）
电话：13517660152
邮箱：40837245@qq.com
官网：http://www.nntjmodel.com
官微：南宁彤景模特
微信公众号：彤景模特

贵州

贵州省模特行业协会

地址：贵州省贵阳市黄山冲路 18 号
联系人：张超（常务副会长）
电话：18685143666
邮箱：723555930@qq.com
微信公众号：shirenzhangchao

海南

海南新思维模特有限公司

地址：海南省海口市金濂路海南电视台广电家园 D 栋 2 单元 2602 室
联系人：徐玲玲（董事长）
电话：13307500030
邮箱：5588950@qq.com
官网：modelhn.com

河北

石家庄新时尚演出经纪有限公司

地址：河北省石家庄市裕华西路 16 号 东胜大厦七层
联系人：张鹏（总经理）
电话：13001895565
邮箱：1564406606@qq.com
官网：www.hbsjzxinshishang.com

秦皇岛市池雪文化传播有限公司

地址：秦皇岛市海港区亚太对面聚贤人才市场六楼 610 室
联系人：刘琳琦（总经理）
电话：13933679596
邮箱：1977252504@qq.com
官网：www.chixue.com
官微：池雪＿凯莱希模特学校
微信公众号：池雪凯莱希表演艺术机构 cxklx2003

河北葆力之士影视文化有限公司

地址：河北省石家庄市裕华区东岗路 79 号世纪高尔夫球场会所
联系人：陆滢洁（总经理） 王红剑（行政总监）
电话：15232121212 13383118721
邮箱：blzs2016@baolizhishi.com
官网：www.baolizhishi.com
微信公众号：河北葆力之士

河北科技大学纺织服装学院

地址：河北省石家庄市裕华区裕翔街 26 号
联系人：武思宇
电话：15630198909
邮箱：196532395@qq.com
官网：http://fangzhixy.web.hebust.edu.cn/

河北启德文化传播有限公司

地址：河北省石家庄长安区广安大街铂金公馆 1404
联系人：王新岐
电话：13180055555
邮箱：qidewenhua@126.con
官网：www.qidewenhua.com
微信公众号：启德文化 qidewenhua

河北师范大学

地址：河北省石家庄市裕华区南二环东路 20 号
联系人：曹舒秀
电话：18603319119
邮箱：405957932@qq.com
官网：http://www.hebtu.edu.cn
官微：河北师范大学时光塔
微信公众号：河北师范大学 hbsfdxgfwx

保定市第七中学

地址：河北省保定市七一西路 777 号
联系人：吕金起（校长）、齐丽丽（艺体处）
电话：13903366088、13931233163、3136354（办公）
邮箱：bd7z_zb@163.com
官网：http://www.hbbdqz.com
微信公众号：保定七中 baodingqizhong007

河北新丝路商务服务有限公司

地址：河北省保定市天鹅中路 336 号（新一代 A 区对面）
联系人：莫利萍（总经理）
电话：13303126616
邮箱：373282559@qq.com
官网：http//www.zgtmw.com
微信公众号：xinsiluyanyi

廊坊市德比文化传媒有限公司

地址：廊坊市广阳区北环道（北凤道）166 号
联系人：毛向忠（运营总监）、徐晓东（赛事总监）
电话：18611178968、13785599947
邮箱：debichuanmei@hotmail.com
官微：德比传媒 http://weibo.com/lfderby
微信公众号：德比传媒 debichuanmei

河南

河南魅力东方模特经纪有限公司

地址：河南省郑州市金水路 99 号建达大厦 4 层 408
联系人：梁蓉菲（总经理）
电话：13598887168
邮箱：464265630@qq.com
官网：www.eastmodel.cn
官微：http://weibo.com/eastmodel
微信公众号：魅力东方模特 mldf-eastmodel

河南省模特艺术研究协会

地址：河南省郑州市花园路 2 号
联系人：李浩英（会长）
电话 13937191686、0371－55507892
邮箱：23929455989@qq.com
官网：www.hnmodel.com

洛阳市和胜模特有限公司

地址：洛阳市西工区凯旋西路 24 号富卓商务大厦 2 层
联系人：赵辉（董事长）、王娜（运营总监）
电话：18638821684、18137957172
邮箱：417568005@qq.com
官网：http://www.lyhsmt.com
官微：和胜模特 http://weibo.com/u/2062664233
微信公众号：洛阳和胜模特有限公司 lyhsntgs

河南省柏辰文化传播有限公司

地址：河南省郑州市金水区商鼎路 52-32 号芭比梦 4 楼柏辰创意中心
联系人：李炜（董事）、陈洁（董事）
电话：18538067070、18638797200
邮箱：32112732@qq.com、113573196@qq.com
官网：www.vichen.cn
官微：柏辰文化 http://weibo.com/vichen1
微信公众号：柏辰时尚 bochenshishang

黑龙江

哈尔滨新面孔模特职业培训学校

地址：哈尔滨市道里区斯大林街 4 号
联系人：马源（副校长）
电话：13946073328
邮箱：newface0451@126.com
官网：中国模特在线 http://www.xinsilu.com
官微：哈尔滨新面孔模特学校 http://weibo.com/hrbnewface
微信公众号：哈尔滨新面孔模特学校 hrbnewface

大庆冉红文化艺术传媒有限公司

地址：黑龙江省大庆市新村开发区总部大厦 806 室
联系人：徐冉（总经理）
电话：13339391111
邮箱：dqranhong2004@126.com
官网：htt://www.dqrhmt.com
官微：dqranhong1998

哈尔滨天依龙腾文化传播有限公司

地址：黑龙江省哈尔滨市南岗区东大直街 302 号轻工大厦 1801 室
联系人：薛天依（总监）
电话：13261487090
邮箱：109671282@qq.com
官网：http://www.nsrhrb.com
微信公众号：小麻豆星学院 NSRHRB

哈尔滨市艾一尚文化传媒有限公司

地址：黑龙江省哈尔滨市南岗区哈平路 162 号
联系人：陈鑫
电话：13936412507
邮箱：43304009@qq.com
官网：www.acesomodel.com
官微：艾尚文化艺术学校 http://weibo.com/ACESOmodel
微信公众号：艾尚文化 ACESO2014

湖北

湖北美术学院

地址：湖北省武汉市江夏区栗庙路 6 号湖北美术学院 A7
联系人：姜晓曦
电话：13071228365
邮箱：107799503@qq.com
官网：http://www.hifa.edu.cn/
微信公众号：ifa-art

武汉星之路文化艺术发展有限公司

地址：湖北省武汉市台北路 153 号武汉影城写字楼 10 层 3 室
联系人：陶和平（总经理）
电话：13072720109
邮箱：714646068@qq.com、64610299@qq.com
官网：www.staroad.com.cn
微信公众号：武汉星之路文化

武汉精英子午文化传播有限公司

地址：湖北省武汉市江岸区黄埔大街 68 号上东汇广场五楼
联系人：曹旭（总经理）
电话：13907182887
邮箱：T67fashion@163.com
微信公众号：T67-Fashion

湖北七色风模特服饰有限责任公司

地址：湖北省武汉市武昌区积玉桥万达 SOHO 写字楼
11 号楼 20 层 2005-2010 号
联系人：郝若菁（董事长助理）、王怡钧（运营总监）
电话：18986140831、18271414929、027-85258199
邮箱：69153177@qq.com
官网：http://www.7-wind.net
官微：七色风之旅 http://weibo.com/7windmodel
七色风模特 http://weibo.com/qsfmodel
微信公众号：七色风模特时尚机构 qsfmodel

武汉莫奈文化传播有限公司

地址：湖北省武汉市武昌区和平大道三角路水岸国际 7 号楼 11 楼 117—1120
联系人：宋恒（总经理）
电话：13871052060
邮箱：123450907@qq.com
官网：http://www.mnmtjy.com/
官微：武汉莫奈模特教育机构 http://weibo.com/wuhanmodel
微信公众号：MNMTJY

武汉唐图文化传媒有限公司

地址：湖北省武汉市东湖高新区关山大道光谷软件园 B6-301
联系人：张世友（总经理）
电话：13907137628
邮箱：189151898@qq.com

武汉戴伟时尚文化传播有限公司

地址：湖北省武汉市江汉区宝利金中央荣御 B1-2108 室
联系人：李作伟（总经理）
电话：13871379281、027-82448857
邮箱：40708006@qq.com
官网：http://www.dwss88.com

湖南

湖南微力量艺术教育传媒股份有限公司

地址：湖南省长沙市岳麓区中南大学本部西校门旁
联系人：张郦（总经理）
电话：13975807729、400—8441—400
邮箱：zy@vliliang.com
官网：www.vliliang.com
官微：湖南微力量培训
微信公众号：微力量教育

长沙羽丝翼模特经纪有限公司

地址：湖南省长沙市营盘东路 13 号芒果影业大厦 4 楼
联系人：李毅（总经理）
电话：13974979590
邮箱：49712356@qq.com
微信公众号：xingyudat

吉林

东北电力大学艺术学院

地址：吉林省吉林市长春路 169 号
联系人：刘元杰
电话：18504320198、0432-64806384
邮箱：http://www.nedu.edu.cn/
官微：东北电力大学 dbdldx123
微信公众号：东电艺苑 ddyy0016

吉林市铭阳模特经纪公司

地址：吉林省吉林市船营区河南街 14 号铭阳模特舞蹈学校
联系人：隋铭阳（总经理）
电话：13904408176、0432-62058941
邮箱：462647333@qq.com
官网：www.jlsmymt.com
官微：铭阳经纪 jlsmymt

长春市北方模丽艺术培训学校

地址：吉林省长春市清华路 558 号汇华大厦 3304 室
联系人：张彤（校长）
电话：13610787187、17604306888
邮箱：190254964@qq.com
官网：http://www.bfmlmodel.com/
官微：北方模丽艺术培训学校
微信公众号：北方模丽

吉林艺术学院

地址：吉林省长春市朝阳区红旗街 2077 号
联系人：金润姬
电话：13500800040
邮箱：988648888@qq.com
官网：http://www.jlart.edu.cn/
官微：吉林艺术学院
微信公众号：吉艺服表 jiyifubiao

东北师范大学人文学院

地址：吉林省长春市净月开发区博硕路 1488 号人文学院东校区服装设计系
联系人：金继宏、庞博
电话：13904309787、18686611678
邮箱：402262566@qq.com
官网：http://www.chsnenu.edu.cn
官微：东师人文服装表演

东北师范大学美术学院

地址：吉林省长春市南关区净月街道博硕路 498 号
联系人：徐翠
电话：13756135860
邮箱：373379418@qq.com
官网：http://fineart.nenu.edu.cn/
官微：东师服装 http://weibo.com/fdmt20160822
微信公众号：东师服装 fdmt20160822

长春市蓝梦美容美发职业培训学校

地址：吉林省长春市朝阳区前进大街晨光花园 C 座 1404 室
联系人：孙科、杨志
电话：13504483015、15555999807
邮箱：530656313@qq.com

江苏

南京尼雅模特经纪有限公司

地址：江苏省南京市秦淮区应天大街 388 号
1865 科技创意产业园 E7 栋西二楼
联系人：王满（总经理）
电话：13505164874
邮箱：niyar2016@163.com

江苏模特艺术学校

地址：江苏省徐州市泉山区王陵路 57 号
联系人：王明志
电话：13852082372
邮箱：363572626@qq.com
官网：www.jsmodeling.com
微信公众号：jsmodeling

南京梦想模特经纪文化有限公司

地址：江苏省南京市新街口正洪大厦十楼 1003 室
联系人：范湧（总经理）
电话：（025）84706264、84725969 转 805、13952013952
邮箱：71503309@qq.com
官网：www.modelchina.net 中国时尚模特在线
官微：南京梦想模特经纪文化有限公司
微信公众号：modelchina001 中国时尚模特在线

南京梦想模特培训学校

地址：江苏省南京市新街口正洪大厦十楼 1004 室
联系人：苏鹭（校长）
电话：（025）84706264、84725969 转 807、13905193639
邮箱：14337240@qq.com
官网：www.modelchina.net 中国时尚模特在线
官微：南京梦想艺考培训苏鹭
微信公众号：modelbaby001 阳光宝贝中国少儿模特大赛

徐州市名可时尚文化发展有限公司

地址：江苏省徐州市云龙区绿地世纪城五期 221 栋 20
联系人：朱中贺（总经理）
电话：13852105698
邮箱：mkshishang@163.com、270860851@qq.com
官网：http://www.xzmtxx.com

张家港星尚时尚文化推广有限公司

地址：江苏省张家港市通运路美家隆 4F
联系人：李娜（副总经理）
电话：13962286555、0512--56795351
邮箱：87780255@qq.com
官网：www.xsfamily.cn
官微：星尚时尚文化推广有限公司
微信公众号：张家港星尚文化 zjgxswh

苏州安爵模特经纪有限公司

地址：苏州苏站路好百年婚纱广场 7 号楼 601 室
联系人：默然
电话：15370322228
邮箱：1001804@qq.com
官网：www.bangel.com.cn

江苏魔粒豆文化发展有限公司

地址：江苏省张家港市旺西路未来财富大厦 2F
联系人：齐健（董事长）
电话：13401478500、0512--58595088
邮箱：285100965@qq.com
官网：www.mldstar.com
官微：江苏魔粒豆文化发展有限公司
微信公众号：MLD-kidsmode

江西

江西服装学院

地址：江西省南昌市向塘经济开发区丽湖中大道
联系人：蔺丽
电话：0791--85158888
邮箱：jxfzxyedu@sina.com
官网：www.jift.edu.cn
微信公众号：江西服装学院 jxfzxyedu

南昌凯莱希模特培训学校

地址：江西省南昌市中山路 215 号（金童商厦）繁荣巷 5 号四楼
联系人：黄玲燕
电话：13755602578
邮箱：476880987@qq.com
官网：www.ncncgalaxy.com
微信公众号：galaxymodel

辽宁

辽宁北方模特经纪有限公司

地址：沈阳市皇姑区长江街 59 号 8 层
联系人：赵欣（总经理）
电话：024--86297988、13309887727
邮箱：184819222@qq.com
官网：www.northmodel.com
官微：北方模特公司 http://weibo.com/beifangmote

沈阳辛迪模特艺术有限公司

地址：辽宁省沈阳市和平区新华路 30 号
联系人：黄敏（总经理）张欣（资深导师）
电话：13940475411、13709888678
邮箱：362455404@qq.com
官网：www.xindimodel.com
官微：沈阳辛迪模特公司
微信公众号：辛迪模特艺术有限公司

大连跞珂实业有限公司

地址：辽宁省大连市沙河口区振工街 28 号 Z28 时尚硅谷 2318 室
联系人：李健（执行总监）
电话：13700119867、0411--84616882
邮箱：705837178@qq.com
官微：跞珂男模 http://weibo.com/look1999
微信公众号：跞珂实业 lookshiye

大连时尚天姿模特艺术有限公司

地址：大连青泥洼桥渤海饭店 529 室
联系人：于丰（董事长）
电话：15104051888
邮箱：17031715@qq.com
官网：www.tenshi.cn
微信公众号：东方天姿文化发展中心 dltzzll

大连工业大学服装学院

地址：辽宁省大连市甘井子区轻工苑 1 号
联系人：陈晓玫
电话：13941128196
邮箱：xmc121@126.com
官网：http://www.dlpu.edu.cn

辽宁龙邦慧智传播事业有限公司

地址：辽宁省沈阳市沈河区北三经街 55 号甲
联系人：李丹（经理）
电话：13940419355
邮箱：38799458@qq.com
官网：www.dragoniad.com
微信公众号：龙邦慧智

辽宁北方模特职业培训学校

地址：沈阳市皇姑区长江街 59 号 8 层
联系人：谢洪岩（运营总监）
电话：4000245606、13840377006
邮箱：516550789@qq.com
官网：www.bfmodel.com
官微：北方模特培训 http://weibo.com/bfmodel
微信公众号：北方模特培训学校 bfmodel

大连金凤凰模特演艺有限公司

地址：辽宁省大连市沙河口区振工街 28 号时尚硅谷 2217 室
联系人：庄茗（总经理）
电话：15842488183
邮箱：75679579@qq.com
官网：www.dljfh.com
官微：http://weibo.com/jinfenghuangmodels
微信公众号：金凤凰模特演艺推广

阜新市雪绒花模特艺术学校

地址：辽宁省阜新市开发区新都路 148 号
联系人：王辉（校长）
电话：13804184865
邮箱：936666987@qq.com

辽宁隽秀文化传媒有限公司

地址：辽宁省沈阳市沈河区市府大路 290 号摩根凯利大厦 A 座 26 楼
联系人：张莉（总经理）
电话：13840160160
邮箱：44785578 @ qq.com
微信公众号：张莉童模

内蒙古

内蒙古狄安娜模特现代艺术培训学校

地址：内蒙古呼和浩特市中山西路海亮广场 2 号楼 2 单元 202~203 室
联系人：张威（校长）
电话：13171414888、17310575272
邮箱：353752285@qq.com
官网：www.nmgmodel.com
微信公众号：diannamodel

宁夏

宁夏银川汇鼎东方文化传播有限公司

地址：宁夏银川市民生新天地商业街 9-9-006
联系人：王林（总经理）、王敏
电话：13995007218、13895495458
邮箱：28319356@qq.com

山东

青岛东方丽人模特艺术培训学校

地址：山东省青岛市市北区连云港路 7 号
联系人：刘伟（副校长）
电话：13305327555
邮箱：qd-model@163.com
官网：www.e-model.com.cn
官微：东方丽人模特・空乘学校 http://weibo.com/modelschool
微信公众号：东方丽人模特空乘艺校 modelart

山东慧可大道文化传播有限公司

地址：山东省济南市泉城路 342 号轻工大厦 612 室
联系人：金向东（总经理）
电话：15853131777、15653683555
邮箱：huikemodel@163.com
官网：www.huikemodel.com

淄博凯莱希模特职业培训学校

地址：山东省淄博市张店区金晶大道 170 号（文化艺术城五楼）
联系人：解海滨（艺术总监）
电话：0533--2285588、15053342777
邮箱：kailaixi@126.com
官网：www.kailaixi.com

青岛东方丽人模特艺校潍坊分校

地址：山东省潍坊市青年路 92 号东方威尼斯 10 楼 1028 室
联系人：栾慧丽（校长）
电话：18863635666
邮箱：244209545@qq.com
官网：www.e-model.com.cn
官微：qd-model@163.com
微信公众号：modelart

青岛东方丽人模特艺校济南分校

地址：山东省济南市槐荫区营市西街西街工坊 D 座三楼
联系人：刘志兰（校长）
电话：18615559127
邮箱：153812872@qq.com
官网：http://www.e-model.com.cn
官微：http://weibo.com/modelschool
微信公众号：东方丽人模特艺校 modelart

威海小华模特学校

地址：山东省威海市高山街一号四层
联系人：吴友爱
电话：0631--5225678
邮箱：790702965qq.com
官网：www.weihaimote.cn
微信公众号：mp.weixin.qq.com

山东泰安天艺模特培训中心

地址：山东省泰安市东岳大街西段 147 号正大步行街 B-08 号
联系人：王长征（艺术总监）
电话：0538--8213372
邮箱：tianyimodel@163.com
官网：www.tamodel.cn
官微：http://weibo.com/tasmtxh
微信公众号：taishanmodel

山东枣庄市模特艺术学校

地址：山东省枣庄市市中区文化路少年街 15 号
联系人：龚运胜（艺术总监）
电话：0632--3336016
邮箱：365110966@qq.com
官网：www.zzmtysxx.com
官微：zzmt2000
微信公众号：zzmtysxxweixin

东营市模特协会

地址：山东省东营市东城黄河路蓝海职业学校综合办公楼 225 室
联系人：陈永保（会长）
电话：15605461111
邮箱：147381424@qq.com

潍坊学院

地址：山东省潍坊市东风东街 5147 号
联系人：毛伟民
电话：18663666673
邮箱：602134310@qq.com
官网：http://www.wfu.edu.cn/

淄博东方丽人模特管理有限公司

地址：山东省淄博市张店区人民西路 29 甲 2 号利民大厦 B 座 2 楼
联系人：宋艳（经理）
电话：15653357553
邮箱：1142684207@qq.com
官网：www.e-model.com.cn
微信公众号：modelart

临淄东丽艺术培训学校

地址：山东省淄博市临淄区桓公路大顺花园南门 55 号
联系人：李杨（校长）
电话：13583330054
邮箱：179001509@qq.com
官网：www.e-model.com.cn
微信公众号：DL05337190002

德州市模特艺术行业协会

地址：山东省德州市德城区新华路 155 号新街口文化园 8 号楼西侧 2 楼
联系人：郭腾飞（秘书长）
电话：18765547675、0534-2666333
邮箱：2158691311@qq.com

滨州凯莱希模特空乘艺术学校

地址：山东省滨州市渤海六路 562 号
联系人：孙宁（校长）
电话：0543--2220022
邮箱：657801639@qq.com
官网：www.kailaixi.com
微信公众号：Galaxy2220022

泰安市泰山区东方丽人文化传媒工作室

地址：山东省泰安市东岳大街 179 号商务中心 5 楼
联系人：白莹莹
电话：15953855200
邮箱：ta_model@163.com
官网：http://www.e-model.com.cn
官微：baibai_yini
微信公众号：ta_model

山东省淄博第十七中学

地址：山东省淄博市张店区西五路十七中北街 1 号
联系人：许鑫
电话：15053386226
邮箱：104027635@qq.com
官网：http://www.zb17.cn/
微信公众号：zb17zx

山东新偶像文化艺术发展有限公司

地址：山东省日照市泰安路七十八号
联系人：周英俊（董事长）、刘飞（总经理）
电话：13066066656、13206339022、0633-8795288
邮箱：zhouyingjunlawyer@163.com、382792872@qq.com
公众号：zhouyingjun1234

威海市刘敏模特职业培训学校

地址：山东省威海市环翠区昆明路 10 号威高大剧院二楼
联系人：刘敏（校长）
电话：15063185577
邮箱：1522071571@qq.com
官网：www.weihaimote.com
官微：weihaimote
微信公众号：weihaimote

烟台菲尚模特经纪有限公司

地址：山东省烟台市莱市街 19 号
联系人：武晓慧（总经理）
电话：18660581791
邮箱：362155095@qq.com
官网：www.fs-model.com
官微：bxszljjj@sina.com
微信公众号：feishangmote01

潍坊市潍城区艺翌艺术教育培训学校

地址：山东省潍坊市潍城区东风西街潍州剧场二楼西室
联系人：李炫姿（校长）
电话：13562690111
邮箱：993707211@qq.com
官网：www.11model.com
官微：艺翌艺术教育培训学校
微信公众号：艺翌艺术教育学校

潍坊市顶峰模特培训中心

地址：山东省潍坊市世纪泰华 cocopark 负二层
联系人：胡广峰（校长）
电话：15064636671
邮箱：41442453@qq.com
官网：www.dfmodel.com
官微：motelaoshi
微信公众号：潍坊市顶峰模特培训中心

枣庄市市中区东丽艺术培训中心

地址：枣庄市市中区富祥庄园六楼
联系人：王婷（校长）
电话：15588477666
邮箱：843585420@qq.com
官网：www.e-model.com.cn
官微：东方丽人模特·空乘学校 http://weibo.com/modelschool
微信公众号：东方丽人模特空乘学校 modelart

山西

山西风雨潮模特艺术学校

地址：山西省太原市亲贤街茂业天地 5 号楼 504
联系人：张福喜（校长）
电话：18901191958
邮箱：zhangfuxi8@163.com
官网：www.mlrcds.com
官微：m.mlrcds.m
微信公众号：美力人才创业大赛（zgmlrc）

山西省模特协会

地址：山西省太原市小店区昌盛双喜城 3 号楼
联系人：熊俊荣、刘霞、熊赛飞
电话：13353528777、18636982755、15011225870
邮箱：956141695
官网：www.fashionedu.cn
官微：http://blog.sina.com.cn/baojunqing
微信公众号：joannaangle

山西鸿帆文化艺术传播有限公司

地址：山西省太原市迎泽区桃园二巷秀水商城 403 室
联系人：薛曼娟（艺术总监）
电话：18803511166
邮箱：1047011263@qq.com
官网：sxhongfan.com
微信公众号：xuemanjuan

山西光耀文化传媒有限责任公司
地址：山西省太原市小店区昌盛双喜城3号楼
联系人：熊俊荣
电话：13353528777、13934144894、15011225870
邮箱：956141695
官网：www.fashionedu.cn
官微：http://blog.sina.com.cn/baojunqing
微信公众号：joannaangle

陕西

西安时尚模特职业培训学校
地址：西安市碑林区文艺北路188号东升大厦906
联系人：许多（副校长）王如意（教学主任）
电话：13689293618、13991858289、029--87800348
邮箱：396050468@qq.com
官网：www.xtmcn.com
官微：西安时尚模特学校
微信公众账号：西安时尚模特学校

陕西省模特艺术协会
地址：陕西省西安市新城区东五路83号民安大厦A座四层
联系人：邱西燕（会长）
电话：13519194655、029--87423660
邮箱：360744440@qq.com
官网：http://www.snmtxh.com、http://www.sxmtxh.net.
官微：陕西省模特艺术协会 http://weibo.com/sxmx87423660
微信公众号：陕西省模特艺术协会 snmtxh

西安市模特艺术学会
地址：陕西省西安市碑林区端履门云龙大厦2号楼9层
联系人：周健（会长）
电话：13991318101
邮箱：2676582521@qq.com
官网：www.xamodel.com.cn
官微：西安新榜样模特职业培训学校
微信公众号：新榜样模特艺考学校 xbymodel

陕西纽持模特经纪有限公司
地址：陕西省西安市碑林区雁塔北路8号李家村万达2栋1单元1510室
联系人：荣驰（总经理）
电话：13720558983
邮箱：404574946@qq.com
官微：西安纽持模特俱乐部
微信公众号：纽持 NEWCH

上海

上海火石文化经纪有限公司
地址：上海市长宁区愚园路716号4F
联系人：李鑫（副总经理）、殷文俊（副总经理）
电话：15510288866、021--62785895
邮箱：lixin@paras.com.cn、booking@paras.com.cn
官网：www.paras.com.cn
官微：火石文化 weibo.com/shparas
微信公众号：火石文化 paras_talent

上海英模文化发展有限公司
地址：上海市黄陂南路751号1号502室
联系人：郝丽娜
电话：18611999983
邮箱：twkhln_7777@126.com
官网：www.eseemodel.com
官微：esee 英模 http://weibo.com/eseemodel
微信公众号：esee 英模、esee 英模杭州

上海霖杰模特儿经纪有限公司
地址：上海市黄浦区马当路357弄8号103
联系人：罗蓓菁（总经理）、余洋（项目总监）
电话：13901649482、18650190331
邮箱：april.luo@modelsliquid.com、alton.yu@modelsliquid.com
官网：www.modelsliquid.com
官微：霖杰模特
微信公众号：霖杰模特 LIQUID MODELS

上海冰雨文化传播有限公司
地址：上海市莘松路1155弄132号
联系人：车峰（总经理）
电话：021--57719922 18602177729
邮箱：18692992@qq.com
官网：www .bingyuwenhua.com

攀色（上海）文化传播有限公司
地址：上海市东新路88弄10号2802
联系人：王俊康（执行董事）
电话：13918349295
邮箱：691486327@qq.com

四川

四川新视典模特文化有限公司
地址：四川省成都市天祥街59号蓝色港湾B座506室
联系人：陈翔（总经理）、王颖（副总经理）
电话：028--84301122、84301212、13908019951、13708176310
邮箱：nsmodel@126.com
官网：http://www.nsmodel.com
官微：新视典模特机构 http://weibo.com/nsmmodel
微信公众号：新视典文化 nsmodel

四川传媒学院
地址：四川省成都市郫都区团结学院街67号
联系人：王晓航
电话：13882206898
邮箱：ysmwxh@163.com
官网：http://www.cdysxy.com
官微：四川传媒学院 https://weibo.com/sccmc
微信公众号：四川传媒学院

成都海岚魔范模特经纪有限公司
地址：四川省成都市武侯区九兴大道137号武侯区文化馆
联系人：闫彬
电话：15196621095
邮箱：420440927@qq.com
官网：movan.cc
官微：海岚魔范模特经纪有限公司
微信公众号：movan2013

天津

天津市时尚新丝路广告传媒有限公司
地址：天津市和平区万全道云台花园1--2--17层
联系人：秦晓毅（总经理）
电话：15332186888
邮箱：438225498@qq.com
官网：www.tjnsr.com
官微：时尚新丝路广告传媒
微信公众号：FNSR2012

天津工业大学艺术与服装学院
地址：天津市西青区宾水西道399号
联系人：陈思（表演系系主任）
电话：13502194337
邮箱：42695382@qq.com
官网：http://www.tjpu.edu.cn
官微：天津工业大学
微信公众号：天津工业大学 our_tjpu

天津盛世阳光影视文化传播有限公司
地址：天津市红桥区三号路45号12层
联系人：田军（总经理）
电话：13902068068、022--27301177、26537777
邮箱：bjmodels@126.com
官网：www.zgmodels.com
微信公众号：天津盛世阳光模特
新浪官方微博：盛世阳光影视文化传播中心

天津市函霓韵裳文化传播有限公司

地址：天津市南开区长江道94号九如酒店五层
联系人：于茗馨（总监）
电话：022--87071518、18622288703
邮箱：2363083010@qq.com
官网：www.tjhymodel.com
官微：tjhy-model
微信公众号：tjhymodel

新疆

新疆新丝路模特经纪有限责任公司

地址：新疆乌鲁木齐市新市区北京路数码港大厦27楼
联系人：刘建华（总经理）
电话：0991--5591433、13809915656
邮箱：xjxsl-china@163.com、459613560@qq.com

新疆麟龙文化传媒有限公司

地址：新疆乌鲁木齐水区沿河路水清木华·丽都国际3-2-1902
联系人：秦爽
电话：13999186770、13369686097
邮箱：1888519@qq.com
官网：www.linlong.cc
官微：麟龙传媒
微信公众号：麟龙传媒

新疆顶尖文化发展有限公司

地址：乌鲁木齐水磨沟区红光山路1119号大成尔雅A座1001室
联系人：荣光（总经理）
电话：13609934550
邮箱：574311542@qq.com
官网：http://www.xj-topfashion.com/
官微：顶尖文化 http://weibo.com/xjdjwh
微信公众号：顶尖文化 TOPCULTURE

云南

昆明青优文化传播有限公司

地址：云南省昆明市盘龙区白塔路七彩之门8号商铺
联系人：谢海权（总经理）
电话：13888242787
邮箱：584735203@qq.com
微信公众号：kmqycm

浙江

温州市益元素模特有限公司

地址：浙江省温州市鹿城区学院中路7路浙江创意园A栋204室
联系人：李成学（总经理）、韩小敏（总监）
电话：13706657083、18815003109、0577--88272886
邮箱：1178855088@qq.com
官微：益元素模特有限公司
微信公众号：益元素模特有限公司 eys1178855088

杭州顶尖时尚文化艺术策划有限公司

地址：浙江省杭州市钱江世纪城民和路浙江民营企业发展大厦A幢3楼
联系人：徐国庆（艺术总监）
电话：13735888868、13606714766
邮箱：5152828@qq.com
官网：www.zjmodel.com
官微：顶尖时尚文化艺术策划

宁波登朝文化创意有限公司

地址：浙江省宁波市海曙区迎凤街86号
联系人：姚琪（运营总监）、赵吟（总经理）
电话：13857808181、13805846813
邮箱：76690768@qq.com
微信公众号：Deng_culture

杭州潮童文化创意有限公司

地址：浙江省杭州市江干区五星路198号瑞晶国际大厦603-604室
联系人：赵夏（董事长）叶莎莉（董事长助理）
电话：13606501277、13750841260、0571--88377333
邮箱：290442973@qq.com
官网：http://www.ctkidstar.com/fashion
官微：潮童星官网 http://www.weibo.com/CTKIDSTAR
微信公众号：潮童星 chaotongyishu

杭州小童星儿童艺术策划有限公司

地址：浙江省杭州市文晖路124号--2
联系人：潘丽萍
电话：13819180888、0571--88083577、88083177
邮箱：2124629719@qq.com

鸣谢

感谢在本年鉴编撰过程中，众多业界专家提供的宝贵建议和帮助。

感谢北京服装学院时尚传播学院副院长兼表演专业负责人李玮琦教授的无私帮助。年鉴“中国模特行业之溯源1979~1999”摘选和部分参考自李玮琦主编、中国纺织出版社2015年12月出版的《中国模特》。

感谢中国服装设计师协会职业时装模特委员会全体成员单位的大力支持。

图书在版编目（CIP）数据

中国模特行业年鉴：1979~2016 / 中国服装设计师协会职业时装模特委员会编 .--北京：中国纺织出版社，2017.9

ISBN 978--7--5180--3951--7

Ⅰ. ①中…　Ⅱ. ①中…　Ⅲ. ①模特儿--中国--1979~2016--年鉴　Ⅳ. ① TS942.5--54

中国版本图书馆 CIP 数据核字（2017）第 204741 号

策划编辑：魏萌　　特约编辑：张源　　责任印制：王艳丽

中国纺织出版社出版发行

地址：北京市朝阳区百子湾东里 A407 号楼　邮政编码：100124

销售电话：010—67004422　传真：010—87155801

http: //www.c-textilep. com

E-mail: faxing@c-textilep. com

中国纺织出版社天猫旗舰店

官方微博 http://weibo.com/2119887771

小森印刷（北京）有限公司印刷　各地新华书店经销

2017 年 9 月第 1 版第 1 次印刷

开本：787×1092　1/16　印张：12.75

字数：168 千字　定价：288.00 元